中国民俗文化丛书

中国虫鱼民俗文化

ZHONGGUO CHONGYU MINSU WENHUA

李湧 著

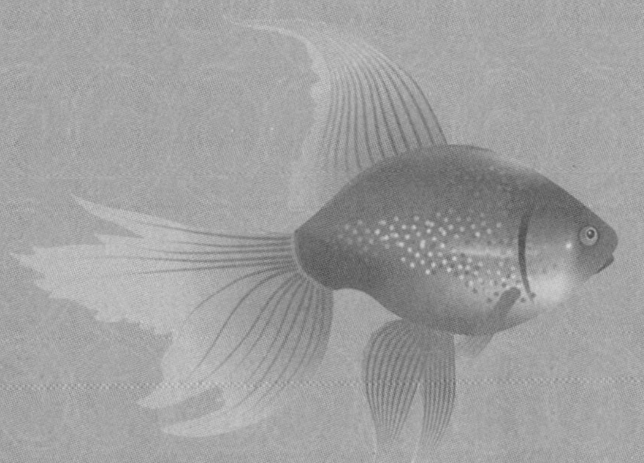

中原农民出版社
·郑州·

图书在版编目(CIP)数据

中国虫鱼民俗文化/李湧著. —郑州:中原农民出版社,2019.12

(中国民俗文化丛书)

ISBN 978-7-5542-2202-7

Ⅰ.①中… Ⅱ.①李… Ⅲ.①昆虫-文化-中国 ②鱼类-文化-中国 Ⅳ.①Q96 ②Q959.4

中国版本图书馆 CIP 数据核字(2020)第001525号

出版社:中原农民出版社

(地址:郑州市郑东新区祥盛街27号 电话:0371-65788659)

发行单位:全国新华书店

承印单位:辉县市伟业印务有限公司

开本:710mm×1010mm 1/16

印张:8 **字数**:120千字

版次:2020年5月第1版 **印次**:2020年5月第1次印刷

书号:ISBN 978-7-5542-2202-7 **定价**:20.00元

大自然的小生灵

（代　序）

大自然真是神奇，它像是一座宝库，里面珍藏着无穷无尽的宝藏和奥秘。大自然中的虫、鱼，就是其中一个绚丽夺目、五彩缤纷的宝藏，它们中的那些奇异现象，奇妙情趣，奇幻奥秘，定会让你眩目！让你惊叹！让你深思！

现在很多人可能看不起这些小生灵，认为它们有什么可写的呢？写它们有什么意义呢？认为这些小虫、小鱼虾不值一谈。其实不然，早在春秋时期，我国的文化圣人、大教育家、大思想家孔子，在教育其子女和弟子时，就要求他们多知道些草木虫鱼之趣。这是为什么呢？因为大自然所有的生物都是有生命的，都与人们的生产、生活息息相关。只有多了解、多关注这些与人们共同生活的亲密伙伴，人类的社会才会更和谐，更平静，更快乐，更幸福，也才能使人与大自然融为一体，达到“天人合一”的境界。

在我们的生活中，这些虫、鱼与我们密切相关，并时时给我们以启迪。我国古代被列为秦书八体之一的“虫书”这一高雅书法艺术，就是模拟虫形而创的一种艺术；古人所创的“螳螂拳”，就是模仿螳螂的矫健动作、凌厉攻势而创出的一种传世武术；今大很多高科技产品，就是科学家利用虫、鱼的仿生原理而创新、研制出来的；现在很多医学科研人员，都是利用虫、鱼的某些生理机能和特征，来解决医药学研究上的难题的。此外，还有很多模拟虫、鱼的舞蹈艺术，仿虫、鱼的电子器具等，无不是人们受虫、鱼的启迪而创制出来的。更有趣的是，随着人们生活水平的提高，越来越多的虫、鱼将成为人们的盘中餐。关于鱼的营养价值和食用方法就不必多说了，就人们厌恶、害怕的昆虫来说，好多也成为人们喜爱、营养丰富的食

物。据科学家预测和试验证明，很多昆虫富含优质蛋白质、多种维生素、纤维素和矿物质。如蚂蚁、蝗虫、天牛、蝉及一些甲虫的体内不仅含有丰富的蛋白质等营养成分，而且还含有甲壳素等可以保护人体不受有害辐射的影响，并有抑制癌细胞的生长、预防心肌梗死和中风、增加人体免疫力、降低胆固醇、消炎，以及增加组织再生长能力的物质。所以，现在欧洲越来越多的女性为了减肥，常将炒熟或炸过的蟋蟀或甲虫带在身边当零食吃，这已成为一种时尚。近年来我国把蝉蛹、蝗虫等经过加工，端上了高级宴会席。现在已有人把蚂蚁加工成蚁粉，且定位成高级补养产品。预计不久的将来，“可食用虫粉”也将走上超市货架，成为奶粉、豆粉之外的新的营养品，甚至其营养价值会超过奶粉、豆粉。你看这些小小昆虫，对人类的贡献也可谓大矣！

现在我国提出加强生态文明、建设美丽中国体现了节约资源、保护环境的基本国策，这绝不是随意提出的，而是一项长远的、睿智的、科学的发展规划。要建设美丽中国，就要爱护、保护大自然；要爱护、保护大自然，就要与这些虫、鱼和谐相处。这是一种互为因果、互相联系、互相制约的一条生物链条，如果断了任何一节链条，还谈何和谐社会、科学发展、幸福生活？著名科学家爱因斯坦早就说过，“假如蜜蜂从地球上消失了，人类只能再存活四年”。所以说，一个小小的动物，它关系着整个社会、整个世界。我们人类要生存下去，就必须关爱这些小生灵。

在写作本书时，笔者翻阅了大量的历史典籍和名人著作，且不说古代圣贤礼士、文人墨客们所留下的吟咏虫、鱼的脍炙人口的传世诗篇和佳作，就是现当代大文学家、思想家、教育家们也都写有大量的有关虫、鱼的文章。如我国大文豪鲁迅先生就写有《夏三虫》，大教育家夏丏尊写有《蟋蟀之话》，著名文学家郑振铎写有《蝉》，著名作家、诗人流沙河写有《蟋蟀国》，当代著名散文家碧野写有《长江浪阔鲴鱼美》，当代著名作家秦牧写有《虾趣》，等等。如果把这些名人所写虫、鱼的文章汇集在一起，可以编成几本厚厚的大书。我们从这些写虫、鱼的文章中可以看出，作者对这些自然界的小生灵观察得那么认真、仔细，对它们怀有那么深的感情，对它们融入了那么多的切身感受。同时也说明了他们是多么热爱生活，热爱大自然，热爱人类。这些名人为什么要写这些小生灵呢？当代著名作家汪曾祺先生在其所写的《夏天的昆虫》一文中作了最好的回答。他说："我只是希望现在的孩子也能玩玩这些昆虫，对自然产生兴趣。现在的孩子大多在电子玩具包围中长大，未必是好事。"很明确，这些名人写这些小昆虫，目的是激发孩子们热爱生活、热爱人类、热爱自然的兴趣，不仅仅是让他们获得一些动物学方面的知识。

再从更高层次来讲，爱护小生灵就是培养孩子们的仁爱之心。丰子恺先生画有《护生画集》六集，他在书的序中说："护生者，护心也。（初集马一浮先生序文中语，去除残忍心，长养慈悲心，然后拿此心来待人处世。）——这是护生的主要目的。"他还在《则勿毁之已》一文中说："顽童一脚踏死数百只蚂蚁，我劝他不要。并非爱惜蚂蚁，或是想供养蚂蚁，只恐这一点残忍心扩而充之，将会变成侵略者……"丰子恺先生的意图很明确，你杀死一只小生灵没有什么，但长而久之，会使人渐渐变得麻木、冷漠、残忍。其实，护生就是护心。我们人类要善待这些小生灵。你善待它，它也就会善待你。当然，对于苍蝇、蚊子、蝗虫等这些害人虫，这些人类的敌人，我们还是决不能手软，要坚决消灭之。

虫、鱼是大自然的宠儿，是它们让这个世界充满了色彩、生机和活力。它们是大自然生态系统的重要一环，是人类的朋友。假若没有了这些虫、鱼，难以想象人类将会是什么样子？爱护虫、鱼，就要了解它们，保护它们。然而，现在的孩子们远离了大自然，远离了这些有趣的虫、鱼，远离了社会生活，他们整天都是埋在习题堆里，对这些虫、鱼越来越缺乏了解。为了使人们特别是青少年对生活中这些虫、鱼有所了解，有所认识，笔者特意编写了此书。

需要说明的是，本书不是从自然科学的角度来专门讲述和研究虫、鱼的。因为笔者不是生物学家、动物学家，而是纯然出于一种对虫、鱼的情趣和爱好，一种对虫、鱼的仁爱之心，一种对文化担当的责任，一种对生活、自然、社会的热爱，从人文社会科学和民俗学的角度来写的。此书在让人们了解、认识这些虫、鱼的基础上，串入了民俗风情、名人逸事、民间故事、历史掌故、诗词曲赋等，把各种有关虫、鱼的知识和文化元素熔于一炉，并配以相关的插图，使内容更加丰富多彩、趣味盎然，更具有可读性、趣味性、知识性，借以开阔读者的视野，激发读者更加热爱大自然、热爱生活、热爱社会的情感，引导读者去观察这些小生灵，回归自然，启发人们探索自然王国的奥秘。本书不仅对小学自然教师和中学生物教师有一定的教学参考作用，而且也给中小学生作文提供了一些写作资料。

老子曰：上善若水。天地有大爱而无疆，人有大爱而无言。正是笔者对这些小生灵的仁爱之心，促成了本书的诞生。另外，根据书中内容需要，李冉、李鑫、郑洁等人做了精美插图，使本书增色不少，在此一并表示诚挚的感谢！本书在写作中，由于个人能力有限，深感笔力不逮，力不从心，有错误之处，敬请专家、学者、读者不吝赐教。

目　录

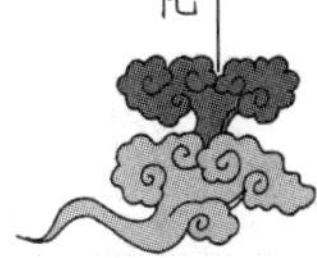

轻罗小扇扑流萤
——趣话萤火虫

夏日，夜幕降临，小溪旁、水塘边、树林里的草丛中，萤火虫忽明忽暗，一闪一闪的像满天星斗，疑是银河落入人间。此时，大人们在一起乘凉、拉家常，小孩子们拿着芭蕉扇扑打着萤火虫。有的小孩子把捉来的萤火虫放在头上，有的小孩子把萤火虫放在衣兜里，有的小孩子把萤火虫放在一个透明的小瓶子里，荧光闪闪，处处充溢着欢乐和幸福，俨然一幅美丽独特的“夏夜民俗风景图”。可是，现在这一切已成为记忆。

神奇美丽的甲虫

萤火虫是一种神奇而美丽的甲虫，因夜间发出熠熠荧光，所以又叫熠熠、熠耀、夜光、耀夜、夜照虫、宵烛、宵行、挟火、丹良、丹鸟、景天等。我国第一部诗歌总集《诗经》中说“熠耀宵行”，意思是萤火虫闪闪发光，宵行指的就是萤火虫。李时珍《本草纲目》曰：“萤从荧省。荧，小火也，会意。”查《说文》中只有“荧”字，而无“萤”字。荧为小火，光亮微弱之意，因其是虫类，才造出“萤”字，故称萤火虫。《尔雅·释虫》云：“荧火，即炤（音照）。”所以，还称夜照。郭璞注云：“夜飞，腹下有火。”是其证也。从这些别称中可以看出，萤火虫是一种夜幕里熠熠闪光的亮虫。

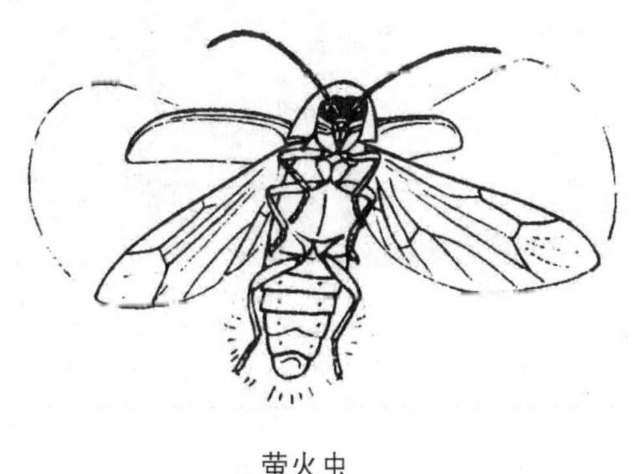

萤火虫

萤火虫在我国分布极为广泛，尤其是我国南方各省，处处都有。现在全世界有2000多种，我国已发现的有50多种，其中包括较为常见

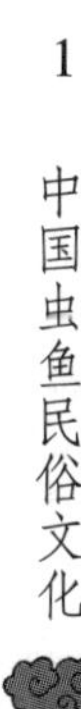

的黄胸黑翅萤、大端黑萤、黄缘萤、山窗萤等。萤火虫体长 1 ~2 厘米,身体细长而扁平,鞘翅和体壁较柔软,小头被前胸盖板盖住,触角短小为栉状,尾端有发光器,可发出荧光。

萤火虫为何发光

萤火虫为什么会发光呢?因为它腹部的最后两节有一个发光器官,那里有数以万计的专门发光的细胞和反射光的细胞。发光细胞中含有荧光素和荧光素酶。在有氧的情况下,荧光素和高能量的物质结合,在荧光素酶的催化作用下发出荧光,熠熠闪亮。据物理学家研究,萤火虫所发出的荧光为冷光,没有转化为热能,不含紫外线和红外线,只有光而不产生热量,因此发出这种光不会烧着萤火虫。萤火虫发出荧光这一原理在人们的生活中产生了极其重要的使用价值。据《古今秘苑》讲,我国沿海渔民为了捕捉到更多鱼虾,很早就知道用羊膀胱装上上百只萤火虫沉入水下,让这些荧光来吸引鱼虾;还有的地方农民用玻璃瓶装入萤火虫,用它来诱杀各种螟虫。这些都反映出我国劳动人民的聪明和智慧。

夏日萤趣

早在 20 世纪 40 年代,人们还根据萤火虫的发光原理发明了日光灯、霓虹灯、水银灯等。近些年来,光学家们在荧光的启示下,又发明创造了潜水员水下作业用的照明灯和矿井下所用的照明灯和闪光灯。还有的科学家将萤光素酶用于癌症前期诊断,使萤光素酶与癌细胞结合,然后通过观测癌细胞内光的强弱,探测癌细胞的生长进度和扩散路线,从而对癌细胞进行控制。随着我国科技的发展,小小萤火虫将会在我国高科技中产生更大影响,做出更多贡献。

萤火虫为什么要发光呢？是为了炫耀自己，是为了好玩，还是在找什么好吃的东西呢？这些都不是。那是它在寻找伴侣而发出的信号。原来雌萤火虫潜伏在草丛中发射出荧光，以招引空中飞行的雄萤火虫。雄萤火虫见到雌萤火虫所发出的求偶信号后，也立即回应。双方互相呼应之后，雄萤火虫马上会降落下来与雌萤火虫交尾。交尾后雄虫便会死去，雌虫在湿润的水草中产下上百上千只卵后，慢慢也奄奄一息。

腐草化萤为益虫

萤火虫喜欢生活在潮湿、杂草丛生的地方，故古书上常常有“腐草化萤”之说。《礼记》中记：“温风始至，蟋蟀居壁，鹰乃学习，腐草为萤。”晋人郭璞《尔雅图赞》曰：“熠熠宵行，虫之微么，出自腐草……”甚至唐代大诗人杜甫在其《萤火》诗中也云：“幸因腐草出，敢近太阳飞。”但这些都是没有科学依据的。过去还有人认为它是危害瓜秧和青菜的害虫，这对于萤火虫更是莫大冤枉。萤火虫是一种完全变态的昆虫。它在潮湿的草丛中产下的卵约一个月孵化为幼虫，随即便钻入水底。

别看萤火虫的幼虫温文尔雅，但它从来不吃草，特别喜欢吃钉螺和蜗牛。人们一定会奇怪地问，这么小小的幼虫怎么可以吃钉螺和蜗牛呢？因为它有一种特殊的本领。当萤火虫的幼虫看到蜗牛的时候，就慢慢靠近蜗牛，待蜗牛不备时，突然用管状针一样的上颚刺入蜗牛，注入毒液。当蜗牛发现萤火虫时，已被其毒液麻醉，瘫软在地上动弹不得，其肉渐渐化为汁液。萤幼虫立即招来它们的兄弟姐妹，大家便一起吸吮这甜美的汁液，高高兴兴地饱餐一顿。钉螺是血吸虫的帮凶，蜗牛危害农作物，而萤火虫吃这些害虫，因此萤火虫是一种益虫。

一般来说，萤火虫的卵成为幼虫一年后才化为蛹，蛹再经过半个月左右成为成虫。萤火虫喜欢在高温、无风的夜晚出来活动，特别是凌晨零点到三点是它们活动的高峰期。它们白天就钻在阴暗潮湿的草丛中不吃任何东西，只饮些露水。萤火虫的卵、幼虫、蛹和成虫都会发光，只是成虫的发光量大些，可以说它的一生都是“光明”的。

萤火虫是益虫，在《花镜》一书中记叙得更为详细全面：“萤，一名景天，一名熠耀，又曰夜光。多腐草所化。初生如蛹，似蚊而脚短。翼厚，腹下有亮光，日暗夜明，群飞天半，犹若小星。生池塘边者曰水萤，喜食蚊虫。好事者每捉一、二十，置之小纱囊中，夜可代火，照耀读书，名曰宵烛。小儿多以此为戏。”

扑得流萤露湿衣

“萤火虫，夜夜红，飞到西，飞到东。好像一盏小灯笼，飞到树上捉蚜虫。”这首充满意趣的儿歌，说明了孩子们对萤火虫的喜爱。不仅儿童喜欢萤火虫，历代文人墨客也无不青睐萤火虫。宋代大诗人陆游年老时，还喜欢萤火虫，并作诗云：“老翁也学痴儿女，扑得流萤露湿衣。”用诗写萤火虫最著名的当数唐代诗人杜牧，其《秋夕》诗云：

银烛秋光冷画屏，
轻罗小扇扑流萤。
天阶夜色凉如水，
坐看牵牛织女星。

诗写初秋的晚上，幽静的深宫里，白色的蜡烛闪烁着微弱的光，给屏风的画面平添了几分朦胧。一个宫女握着轻巧的团扇，追扑着飞来飞去的萤火虫。夜色深沉，凉意渐浓，她坐在清凉如水的宫殿台阶上，仰头观看着银河两边的牛郎织女星，心中思绪万千，久久不能平静。诗虽然写的是宫女的孤独凄凉，而“轻罗小扇扑流萤”却成了流传千古的咏萤绝唱。历代咏萤的诗颇多，且各有妙趣。唐代诗人罗邺有《萤》诗云：“水殿清风玉户开，飞光千点去还来。”清代诗人陈撰有《萤》诗云：“月黑秋林昏，映水忽明灭。”小小萤火虫给历代诗人多少诗情、诗意、诗感啊！

说到萤火虫，人们自然还联想到“车胤囊萤”读书的美丽故事。

晋代时，有个穷苦人家的孩子叫车胤，酷爱读书。他白天下地干活，晚上回来想读书，可是家里连买灯油的钱都没有。怎么办呢？夏天的晚上，他看见天上飞来飞去的萤火虫一亮一亮地闪着光。于是，他找来一块薄白布缝成一个小口袋，捉来很多萤火虫装入袋中，借着萤火虫的光读书。由于他博览群书、学识渊博，后来，当了吏部尚书。因此人们多用此典故来教育孩子要刻苦读书，才能成才。

此外，隋炀帝与萤火虫也有一段历史故事呢！隋炀帝骄奢淫逸，有一个夏日，他命令手下“征得萤火数斛”（一斛为十斗），到了夜里带着宠姬宫女来到一个山谷里，再把这些萤火虫放出。萤火虫漫天遍野飞舞，把整个山谷都照明了，以“光遍岩谷”取乐。后来，隋炀帝到了扬州，又下旨修造水殿（一种修于水中的船式宫殿），每天命令百姓捉来亿万只萤火虫夜里放飞，与宠妃爱嫔和宫女们同赏奇景。当时杜牧写有《扬州》诗云：“秋风放萤苑，春草斗鸡台。”就是揭露抨击昏君隋炀帝奢侈、荒淫、腐朽生活的。唐代诗人李商隐也有“于今腐草无萤火”的诗句，就是说隋炀帝在扬州把萤火虫都捉光了，在腐草中再也难以见到萤火虫。该诗也痛斥了隋炀帝残害萤火虫的罪行。

在民间，人们还认为萤火虫能辟邪，是祥虫。李时珍《本草纲目》云：“萤火虫能辟邪明目，盖取其照幽夜明之义耳。”《千金翼方》云：“务成子萤火丸，主辟疾病，恶气百鬼，虎狼蛇虺，蜂虿诸毒，五兵白刃，盗贼凶害。”据传，汉代永平十二年（69 年），镇守武威的太守刘子南将军身上经常带有萤火丸。有一次战败后，他手下的将士们都被箭射杀尽，他也被敌人紧紧包围，箭镞像狂雨一样射来，但是那些射来的箭离其数尺一一坠地。敌方把他捉住，以为他是神，又放了他。汉代末年，青牛道士得到制萤火丸的方子，传给皇甫隆，皇甫隆又传给魏武帝，魏武帝便赐给皇甫隆很多金银。古代从军将士多把萤火丸系腰中，居家把萤火丸挂家中，用以辟邪。这些仅是古书记载，不可信。但据昆虫专家研究发现，那些专门捕食昆虫的鸟类，却从来不吃萤火虫。这是为什么呢？原来萤火虫体内含有一种蟾蜍二烯醇化合物。这种物质会使吃下萤火虫的这些鸟类心脏紧张，恶心呕吐，所以，这些鸟类等都避开萤火虫。这对于萤火虫本身来说，确实有辟邪防害的作用。

萤火虫是那么神奇、美妙、迷人，启人智慧，逗人欢乐，引人遐思，怎不令人喜爱呢？

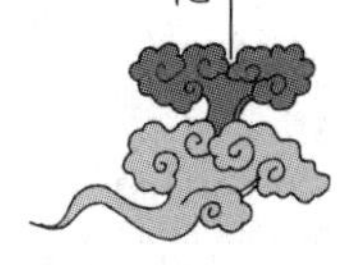

碧玉眼睛云母翅

——趣话蜻蜓

夏日里，那一只只红色、黄色、碧绿色、彩色的蜻蜓像一只只微型的小飞机，一会儿高、一会儿低地自由飞翔着，着实令人神往、喜爱、迷恋。特别是孩子们见到蜻蜓更是欣喜不已。他们或拿着树枝，或拿着竹竿儿，或拿着草帽，一边雀跃着，一边追逐着，一边欢笑着，俨然一幅“童乐图”。

点水蜻蜓款款飞

蜻蜓为蜻蜓目差翅亚目昆虫的总称，种类繁多，全世界有 5000 多种，我国约有 300 种，其中常见的有碧伟蜓、黄蜻等。碧伟蜓，眼睛、身体碧绿带蓝色，体型较大，雄性腹长约有 5 厘米，翅长约 5 厘米，多捕食害虫，常在水面和较高空中飞行，飞行速度快。另一种是红蜓和黄蜻，雄体红色，雌体黄色，体型小于碧伟蜓，腹长 3 厘米左右，翅长 4 厘米左右，极善飞翔，常在雷雨前成群低空飞翔，有人称它为雨蜻蜓，主食蚊、蝇等害虫。需要注意的是，蜻蜓有一个近亲，人们称它为“豆娘”。豆娘整体碧绿蓝色，色彩鲜艳，身体细小、狭长，似妇女头上的碧玉簪。它两只眼睛较大，头几乎为横的，常可在草丛中或菜园中看到。蜻蜓停立时翅膀像飞翔时一样平放着，而豆娘停立时翅膀束置于背上。

蜻蜓(选自《马骀画宝》)

对于我们常见的蜻蜓，我国现当代著名作家汪曾祺在其《夏天的三虫·蜻蜓》一文中记叙得较详细、形象生动，特录如下，我们不妨一读：

> 一种极大，头胸浓绿色，腹部有黑色的环纹，尾部两侧有革质的小圆片，叫做“绿豆纲”。这家伙厉害得很，飞时巨大的翅膀磨得嚓嚓的响。或捉之置室内，它会对着窗玻璃猛撞。一种即常见的蜻蜓，有灰蓝色和绿色的……一种是红蜻蜓，不知道什么道理，说这是灶王爷的马。另有一种纯黑的蜻蜓，身上、翅膀都是深黑色，我们都叫它鬼蜻蜓，因为它有点鬼气，也叫“寡妇”。

蜻蜓成长过程要经过产卵、若虫和成虫三个阶段。我们夏天常常见到有的蜻蜓把尾巴弯转过来，好像在吃自己的尾巴，那是雄蜻蜓在把尾巴上第九节生殖孔中成熟的精子，转移到尾巴第二节的藏精囊里，在做交尾前的准备。当雄蜻蜓做好交尾准备后，便疯狂地去追逐雌蜻蜓。把追到的雌蜻蜓用六足紧紧抱住。此时雌蜻蜓也弯起身子，用足抱住雄蜻蜓腹部，将生殖器伸向雄蜻蜓的藏精囊内。雌、雄蜻蜓交尾时是互相拥抱在一起的，忽而腾空双飞，忽而停在一叶水草上，忽而又欢快地舞蹈着，像是在做双飞杂技表演，其实这是它们的婚礼交响曲。民间人们把蜻蜓这种交尾的怪动作叫“咬尾巴”。

蜻蜓（选自《马骀画宝》）

也许你还常见到蜻蜓在水面款款飞行时，尾部不断弯向水面，轻柔地做着连续而优美的点水动作，人们称之为“蜻蜓点水”。那是雌蜻蜓在产卵，为完成它们的生命延续繁殖后代

而忙碌。唐代大诗人杜甫早即有“点水蜻蜓款款飞”的诗句。

蜻蜓是飞行家，可是它幼年是在水中生长的。当雌蜻蜓把卵产于水中，经过一段时间的发育后，就变成为水虿，这就是蜻蜓的若虫。

蜻蜓若虫的样子十分丑陋，但十分灵活，口器发达，以捕食蜉蝣、孑孓（蚊子的幼虫）为生，一只水虿一年可吃3000多只孑孓。蜻蜓的若虫在水中生活时间很长，少则一两年，多则三五年，经过7～15次蜕皮，才爬到岸边的水草上，慢慢脱掉丑陋的外衣，羽化为美丽而轻巧的蜻蜓。

轻于蝴蝶瘦如蜂

蜻蜓的形态异常独特。最独特的首先是它的眼睛特别大，两个灯笼似的大眼睛几乎占去头部的一半。它的眼睛是复眼，像玉石一样碧绿，圆球形，长在头部两侧，是由10～30 000个排列有序的小眼组成，所以诗人称它的眼为“碧玉眼睛”。而且每个小眼就像一架照相机或探照器。再加之蜻蜓的脑袋灵活转动可达360度，能左顾右盼，上视下看，6米内的物体均在它视野之中，所以很多蚊子、苍蝇等飞虫，很难逃过它的“火眼金睛”。有人观察统计，一只蜻蜓2小时可以吃掉40余只苍蝇或100多只蚊子。它真是帮助人们捕捉害虫的好朋友。另外，最独特的是它的4只翅膀，又轻又薄，而且透明似云母，飞行能力特别强。蜻蜓飞行的速度是其他昆虫不可比拟的，它1小时可以飞行36～72千米，而苍蝇每小时只能飞8千米，蝴蝶也只能飞20千米。这还不算，它早晚飞行不停，从不知疲倦，有时飞行几百里也不休息。

更奇妙的是，它飞行技巧也很高超，可以一会儿伸直两对翅膀缓缓滑翔；一会儿翅膀轻扇，忽上忽下垂直飞行；一会儿抖动翅膀侧飞倒飞，或做180度的急转弯；一会儿还可以翅膀不扇动，身子停在空中一动不动。它的飞行技巧对任何鸟类来说难以比肩，可以说蜻蜓是飞行王国的特技小飞行师。

蜻蜓为什么会有这么高的飞行技巧呢？其奥妙何在？据昆虫学专家研究，首先是它的身体轻巧，全身细长，不仅轻，而且阻力小。

所以古代诗人赞其“轻于蝴蝶瘦于蜂”。加之它的那两对轻薄宽大、透明的翅膀,就像4只风筝飘浮起来,浮力特大,所以带动这么轻的身体飞行当然轻而易举了。

更巧妙的是,蜻蜓每片翅膀前缘的上方,都有一块深色角质加厚的部分,俗称“翅痣”,能够消颤避震。蜻蜓在飞行时,4个翅膀要上下拍击,每拍击一次,翅面就沿着纵轴转动一次,震颤十分剧烈。有了翅痣,不仅飞行平稳,而且可以防止翅膀折断,也不会疲劳。所以人们仿照蜻蜓的翅痣,在飞机的机翼上添加了加厚的装置,就克服了飞机震颤,使飞机飞行平稳而快速,保证了飞机的安全,这不能不说是蜻蜓对人类的启示和贡献。其实,蜻蜓早就进入我国古人的视野中,早在《战国策》中即记:庄辛对楚襄王说,蜻蜓六足四翼,飞翔于天地之间,俯啄蚊虫而食之,仰承甘露而饮之,与人无患,与人无争,奈何为五尺童子所捕,为蝼蚁所食?这段话表达了庄辛对蜻蜓遭遇的不平,和对蜻蜓“与人无患,与人无争”品质的夸赞。

蜻蜓飞上玉搔头

“泉眼无声惜细流,树阴照水爱晴柔。小荷才露尖尖角,早有蜻蜓立上头。”这是宋代大诗人杨万里在《小池》一诗中为我们描绘的一幅美景。你看,一股细流缓缓静静地从泉眼中流淌出来,一树绿荫倒映在池畔光亮柔和的水面上,嫩嫩的荷叶才刚刚露出一个尖角,一只小小的蜻蜓早早地立在上头。诗人真是一位高明的摄影师,用快镜头为我们拍摄了一个妙趣横生的画面。特别是“小荷才露尖尖角,早有蜻蜓立上头”成为千古名句,现今人们多用来形容新生事物。

此外,写蜻蜓的诗句还有很多,像诗人刘禹锡的“行到中庭数花朵,蜻蜓飞上玉搔头”,梅尧臣的“度水红蜻蜓,傍人飞款款”。诗人均以轻松的诗句,写出了蜻蜓的可爱,以及对蜻蜓的喜爱。

蜻蜓玲珑可爱,体态轻盈,色彩美观,不仅是个灵巧的飞行家,还是捕捉害虫的能手和小小的天气预报员。如民间气象谚语“蜻蜓低飞雨就来”“蜻蜓高飞谷子焦,蜻蜓低飞一地泥”,是说晴天时蜻蜓就飞得高,当快要下雨时,空气湿度大,气压低,它就飞得低。所

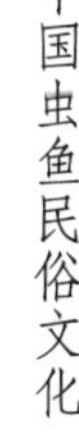

以，蜻蜓深得人们的喜爱。据《清异录》载：后唐（923—936）时期，宫女们特别喜欢蜻蜓，用网把蜻蜓捕来后，用金笔把它的翠薄翅膀涂得像花朵一样，养在笼子里供观赏。后来，民间艺人用铁丝或竹篾扎成蜻蜓，涂得红红绿绿的，插在纸或绢做的假花上出售，以美化、装饰人们的生活，象征幸福美好。这种风俗至今仍在民间流行。

辛勤神妙的奇虫
——趣话蜜蜂

“当我们看到繁花似锦的时候，会想到它；尝到黄澄澄、香喷喷的蜜糖的时候，会想到它。有时，就是看到出色的劳动者博采众人之长、进行卓越创造的时候，也禁不住要想到它。”这是我国当代著名散文大师秦牧先生在其散文《花蜜与蜂刺》一文中对蜜蜂的赞美和歌颂之辞。由此可见人们对蜜蜂的赞美和感激、敬佩之情，大凡有好事、美事、出色的事时，人们都会想到它。

蜜蜂是常见而又平凡的昆虫，但又是一种神奇而又辛勤的昆虫。它体长8～20毫米，身上长有很多黄褐色的细毛。头部有复眼一对，复眼由许多小眼组成。复眼中有很多能感受太阳偏振光的细胞，所以，在乌云密布时，它在空中飞行仍不会迷失方向，还能尽快赶回家。复眼内侧还有一对触角。腹部有两对翅膀，善飞翔，飞速每小时可达20～40千米。后足末端扁平，形成一个花粉篮，是用来盛花粉的。腹部末端还有一根小毒针，又称螫针，是防身武器。它一生都勤勤恳恳地辛苦劳作着。据了解，它为了采集1千克的花蜜，就必须在200万朵花上采集花粉。它们采集花粉回巢后，晚上还要加工，要不停地把甜汁吸进蜜胃里再吐出来，这样吞吞吐吐还要100～240次，才能酿造出又甜又香的蜜来。你看它们多么辛苦，但是它们从来不叫苦，不怕累。有人计算过，每天每只蜜蜂要辛勤地来回出去采花粉15次左右，每次要飞行1～3千米，采集至少100朵花。这是多么伟大的劳动，难怪人们称它为辛勤的劳动者。

各尽其责的劳动者

蜜蜂一生过的是一种有严格具体分工、有严密组织纪律、有规范礼节的群体生活。一窝蜂好像一个和睦的大家庭，有上千只或上万只蜂。其中有一只母蜂，称为蜂王；有上百只雄蜂；其余成员为工蜂，工蜂数量最多。

蜜蜂过的是母系氏族社会，分工明确，各司其职，各尽其责。母蜂，即蜂王，为最高领导者，是群蜂的核心，享受最高权威。凡养蜂者都知道，只要蜂王在，群蜂就在，蜂王不在群蜂就会散。蜂王体魄也最大，寿命最长，主要职能是产卵。蜂王产卵很注意产房的卫生，工蜂要反复打扫，只有打扫干净它才肯产卵。

蜂王产下的卵有受精卵和未受精卵。受精卵经过 15～20 天才长成蜂王或工蜂；而未受精卵，要经过 24 天长成雄蜂。

蜂王享受着最高待遇，它从不采花酿蜜，但每天都有群蜂轮流值班侍奉，还食用最有营养的蜂王浆。最有意思的是，蜂王就像古代的国王，它走到哪里，群蜂都要给它让路，并且头都一律朝向蜂王，颇似群臣朝拜皇上的礼仪。蜂王的身边也总有几只蜜蜂跟随服侍，给它喂食，为它洗浴清洁身体。我国明代科学家宋应星有文曰："王生而不采花，每日群蜂轮值，分班采花供王。王每日出游两度（春、夏造蜜时），游则八蜂轮值以侍。蜂王自至孔隙口，四蜂以头顶腹，四蜂傍翼飞翔而去，游数刻而返，翼顶如前。"

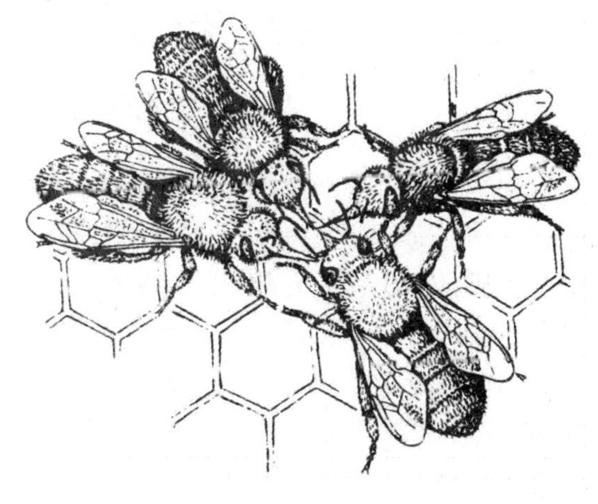

蜜蜂在做巢

雄蜂的主要职能是与蜂王交配，担负着繁殖后代、延续种族的重要任务。但由于雄蜂多，蜂王只有一个，所以很多雄蜂难有与蜂王交配的机会。在它们交配时期，蜂王从蜂房飞出，雄蜂便争先恐后地尾追上去，这个壮观的场面叫“婚飞”。

当第一只雄蜂追上蜂王，双方完婚交配后，雄蜂的生殖器也就脱落在了蜂王体内，这只雄蜂也就一命呜呼了。其他雄蜂便垂头丧气地又回到蜂房。蜂王得到精子后把它们存在贮精囊里，可供一生中的卵细胞受用。由于雄蜂只知与蜂王交配，既不会采集花粉和花蜜，也不干别的活儿和承担筑巢职责，食量又很大，也就是只吃不干，因此在食源丰富时它们还有吃的，一旦到食源困难时，如秋后越冬前，它们就会被驱逐出家门，被冻死或饿死。雄蜂的寿命一般为 3 个月。

在蜜蜂的大家族中，工蜂为大多数，它们身体最小。它们是生殖器已经退化的雌性蜂，所以不能生儿育女、繁殖后代。但是，在它们短短几个月的生命中，却担负着蜜蜂大家庭里的全部劳动。它们吃的最少、最差，却终生操劳，默默无闻，毫无怨言。工蜂的分工较明确，随着它们的成长不断变换着工作。工蜂刚从卵中孵化出来时，像一个白白胖胖的小宝宝，在“保姆”的精心哺育下，几天后就变成了蛹。蛹沉睡十多天后醒过来，撕破包裹它的外壳，就变成了一只小蜜蜂，从此便走上辛勤的工作之途。

小蜜蜂在翅膀还没硬时不会飞翔，就在室内担当清洁工，用嘴把房间里的脏东西都清扫到外面。然后，它会变成保姆，用分泌出的白色浆液——蜂王浆来饲喂母亲蜂王和刚出壳的小弟妹们。此时，它们还要帮助年龄大的工蜂守蜂房，酿造蜂蜜。你看这么小的工蜂就这么懂事，会干这么多的工作。

技艺高超的建筑师

工蜂生长到一定时候，就要担当起分泌蜂蜡、建筑巢房的重要任务。这是一项艰巨而又精细的技术工作。它们盖房子的材料是从它们肚内的蜡腺分泌出来的蜡液。蜡液遇空气便凝结成鳞状蜡片。盖房子的时候，工蜂们倒挂着身子，你拉着我，我拉着你，连成一长串，然后它们各自把凝结在蜡腺上的蜡鳞取下来，先送到嘴里反复咀嚼，待蜡鳞片柔软可用的时候，互相传递，再一点一点地、一丝不苟地精心粘到六角形的房基上，直到一个六角柱状体的巢室建成。整个蜂房是由无数个六角形巢室构成的。然后，它们再用触角和两颚反复修整，使蜂房达到使用要求。奇怪的是，据科学家测量和研究证实，巢室的设计和建筑非常科学，基部呈六角形锥状，包括六个三角形，每两个相邻三角形可以拼成菱形。每个巢室基部由三个相等的菱形组成，而且这种蜂房的容量最大，用材料最省，占用空间最小。我国数学家华罗庚还专门写了一本谈蜂巢结构的数学方面的书。蜂巢结构的神奇奥秘也曾引起很多建筑师的兴趣。航空工程师也从中受到启迪，他们在设计时也多采用这种蜂巢的结构。蜜蜂的这种神奇本领，不得不让人们惊叹，蜜蜂真是“天才的建筑设计家”“技艺高超的建筑师”。

蜜蜂是“高超的建筑师”

智慧顽强的舞者

工蜂既聪明又智慧，当它们生长到翅膀硬起来，并掌握了熟练的飞翔本领后，就要担起更沉重的担子，肩负更重要的责任。白天它们要不辞辛劳地外出采集花粉、花蜜，夜晚还要带领弟妹们（幼蜂），把白天采回来的花蜜酿成蜜糖。在百花盛开、蜜源丰富的季节，它们不知辛苦地拼命干，想抓紧时间多采些花蜜回来；当蜜源缺乏季节，它们想方设法、千方百计地克服各种困难来弥补蜜源的不足。它们甚至挨饿或从别的昆虫身上或树叶上吸取养料，来保证家中幼蜂的食用。在风和日丽的天气，它们总是高高兴兴地一边歌唱着，一边兴致勃勃地在花间劳动。如果遇上不好的大气，或采花途中突遭风雨，它们就会沉着冷静地面对。为把花蜜送回巢中，它们会克服各种困难，即使爬着也要把采集来的花蜜送回家。它们这种机智、顽强、不怕困难的精神是多么可贵啊！

工蜂在采集花粉

在野外采集花蜜时,如果负责侦察蜜源的工蜂发现了丰富的蜜源,就会立即释放出一种化学信息素——那氏腺信息素,同时扇动翅膀,让信息迅速扩散。当同伴们接收到这种信息后,就会迅速赶来采蜜。采到花蜜的工蜂飞回家后,就会跳起“8 字舞”或“圆圈舞”。它们所跳的舞,就代表着一种语言。一般来说,蜜源距离远,就跳“8 字舞”,蜜源近就跳“圆圈舞”;如果蜜源又多又好,舞者就会加快节奏,延长时间使劲跳。它们边跳还边嗡嗡唱着,好像在高兴地告诉同伴们:“我发现蜜源了,大家快一块儿去采蜜吧!”于是,更多的工蜂根据舞蜂所示的方向和地点蜂拥而去。工蜂的这种大公无私、互相合作、有福同享的品质,真令人感动和赞赏。

机智勇敢的战士

工蜂不仅有这么多高贵的精神和品质值得我们学习,而且它那种为保卫家园、为抵御侵略者而英勇搏斗、舍生忘死的精神,更值得我们赞叹和钦佩。如果你读过秦牧先生的散文《花蜜与蜂刺》,一定会为蜜蜂的这种精神大唱赞歌。

如果你留心仔细地观察会发现:每一个蜂窝的门口都有几只工蜂在把守着,无论白天或黑夜,这些门警都高度警惕、尽职尽责地守卫着。而这些门警和别的蜂相比明显年老,它们身上的金黄色绒毛已退尽,身体已由金黄色变成深褐色,并且那种环状美丽花纹已变成一条条像老年人皱纹的纹路。虽然它们不再年轻,但是它们仍用自己的余生来保卫这个家庭,为蜂群的安全而尽献余力。特别是当有敌人来侵犯时,它们会奋不顾身地拼上老命与敌人拼斗。蜂的尾巴上都有一个尖锋，又称螯针。你不招惹它，它也绝不会刺你；你一旦招惹它，它便会以死相拼。当它们用尾巴上的螯针刺入敌人身上时，它自己也丧失了生命。因为螯针前有一个小倒钩，后面与毒腺、毒囊和内脏相连，刺入对方身体后，倒钩被勾住，毒针便留在了对方的体内。虽然对方很快中毒，但它也把蜜蜂身体内的毒囊和一部分内脏带出，为此蜜蜂也会丧失生命。特别是当它们遇上了强敌时，蜜蜂们便会同仇敌忾，团结一心，冲锋陷阵，围攻追击敌人。在秦牧的散文中就讲到有只黑熊在森林里偷蜜，被群蜂蜇得狼狈逃跑。还讲到有一匹马不小心碰到了一个蜂箱，竟然被群蜂活活蜇死。蜜蜂这种“你不犯我，我不犯你；你若犯我，我必犯你”的原则，以及它们团结抗敌的力量，舍生忘死与敌人拼搏的精神真是让人敬佩。

一只工蜂在春夏季节只能生活一个多月，而在工作较少的秋冬季节，也只能生活3～6个月。它们一生勤勤恳恳、兢兢业业地采花酿蜜，最后默默无闻地死去。工蜂的一生，真是鞠躬尽瘁、死而后已的一生。

激励我们的蜜蜂

蜜蜂一生辛勤劳动，严格要求自己，克己奉公，勇于战斗，舍生忘死，为人类酿造着甜蜜幸福的生活。蜜蜂要求人们的很少很少，却给予人类的太多太多。它所酿造的蜂王浆、蜂蜜、蜂胶都是很好的强身健体、延年益寿的珍贵高级保健品，富含有葡萄糖、果糖和各种维生素、矿物质、氨基酸，常食这些对于高血压、心脏病、胃溃疡、便秘等有良好的辅助医疗作用。蜂蜜在《神农本草经》中被列为上品。李时珍《本草纲目》中亦云：“（蜂蜜）主治心腹邪气，诸惊痫痓，安五脏之诸不足，益气补中，止痛解毒，除众病，和百药。久服，强志轻身，不饥不老，延年……”除蜂蜜外，蜂蜡、子蜂、蜂巢等也有医病健身作用。古人遇荒年就以食蜂蜡度饥。

此外，蜜蜂在采集花粉过程中，帮助植物异花授粉。凡经蜜蜂传花授粉后，均可以大幅增产。古今中外，人们无不赞美这勤劳而又神奇的小昆虫。晋代著名文学家郭璞就说：“（蜜蜂）繁布金房，叠构玉室，咀嚼华滋，酿以为蜜，自然灵化，莫识其术。”当代散文家杨朔在其《荔枝蜜》中，也高度赞美蜜蜂："多可爱的小生灵啊！对人无所求，给人的却是极好的东西。蜜蜂是在酿蜜，又是在酿造生活；不是为自己，而是为人类酿造最甜的生活……"蜜蜂是我们永远学习的榜样，蜜蜂的精神永远启迪和激励着我们。

喓喓草虫称蝈蝈

——趣话蝈蝈

"卖蝈蝈啦，卖蝈蝈——"年年夏秋季节，总会在集贸市场或街头巷尾见到来自山东、河北或山西的汉子挑着上面挂着上百只蝈蝈笼子的担子在叫卖，孩子们便纷纷围拢上去争买。他们把买来的有拳头大的用竹篾或苇蔑编制的蝈蝈笼子挂在凉台上，听那蝈蝈"吱——啦——"的鸣叫，甭提有多高兴了。这真是一幅难得的"秋虫鸣唱民俗画"。因为这虫鸣不仅给孩子们增加了童年乐趣，也给这钢筋水泥垒成的高楼大厦增加一份韵味。虽然无菜畦、豆棚、瓜架，但多少也会给这城市增加一些田园风情。

蝈蝈主产鲁冀晋

蝈蝈或写作"聒聒儿"，别名叫"络纬"，南方又俗称它为"哥哥"或"叫哥哥"。在《清嘉录》中记有："秋深，笼养蝈蝈，俗呼为'叫哥哥'，听鸣声为玩。藏怀中，或饲以丹砂，则过冬不僵。笼刳干葫芦为之，金镶玉盖，雕刻精致。虫自北来，薰风乍拂。已千筐百筥集于吴城矣。"

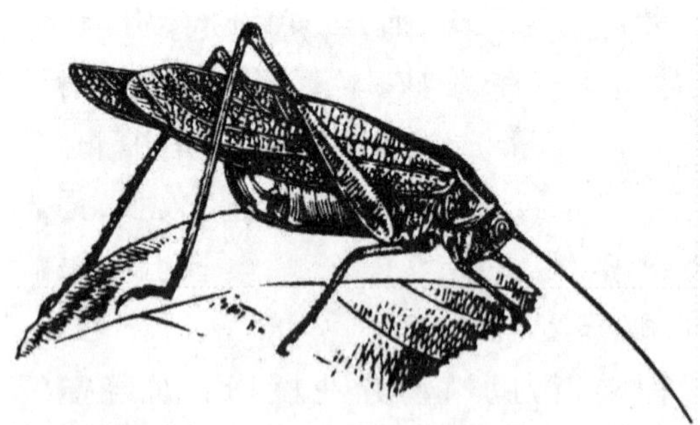

蝈蝈正名叫"络纬"

《清嘉录》说蝈蝈“虫自北来”，是说蝈蝈主要产于北方的山东、河北、山西。长江流域的苏、皖地区也产有蝈蝈，但形体小，鸣声质量远不如北方的蝈蝈。全国各地所卖蝈蝈者大多来自鲁、晋、冀。我国散文作家吴然所写的《昆明的蝈蝈》，一开篇就写：“昆明没有蝈蝈，这绿精灵产在北方。”他文中所记的卖蝈蝈者就是从河北来的。这篇美文对蝈蝈的叫声、形态、情趣，以及卖蝈蝈人的艰辛和情怀都写得很生动亲切，你不妨找来一读，会对蝈蝈有所了解。

蝈蝈早在两千多年前就已进入我国先民的视野。我国第一部诗歌总集《诗经·召南·草虫》中所写的“喓喓草虫”，指的就是蝈蝈。诗中写了一位妇女听到草虫蝈蝈的“喓喓”叫声，怀念起远行的丈夫。因蝈蝈常在草丛中活动，所以古人称其为草虫。在《续异记》中还记有一个关于蝈蝈的故事：晋代孝武帝时期，有位中书侍郎名徐邈，见一姿色甚美的青衣女子，很喜爱她。她也经常来与徐邈相会。但徐邈不知这女子从何而来。有一天清早，徐邈与这女子相会后，就悄悄紧跟其后。女子到屏风后面，徐邈便立即跑到屏风后面看，结果不见其踪影，只见一只大青蝈蝈从这里飞出。原来这青衣女子竟是蝈蝈所变。

蝈蝈是孩子们喜欢的一种草虫，旧时农村孩子们都认识蝈蝈。《红楼梦》第四十回就写有这样的情景：刘姥姥带外孙板儿进大观园时，来到探春的卧房内，见到卧榻上就悬着葱绿双绣花卉草虫的纱帐，这板儿跑上去一眼就认出“这是蝈蝈，这是蚂蚱”。可见，在清代时期，蝈蝈这种草虫就很普遍了。从《清嘉录》也可看出，清代时人们已知笼养蝈蝈了。

笼养蝈蝈有诀窍

蝈蝈是草虫，大都生长在田野里，夏秋季节在北方的大豆地、草地或高粱地里都可以捉到。

蝈蝈属直翅目螽斯科，体长 5 厘米左右，头上生有一对又细又长的触须，牙齿坚硬有力，有一对漂亮的翅膀。它全身多为青绿色或铁褐色。前身有两对小足，后长有一对又长又强劲的后足，善于跳跃。它喜欢奏乐，奏乐时双翅左右颤动，与蟋蟀的发音样式大同

小异，翅膀因摩擦而发出声音。但不同的是蟋蟀是右前翅在上，左前翅在下，而蝈蝈恰恰相反，是左前翅在上，右前翅在下。蟋蟀两翅平叠，发音部位较发达，奏出的音乐有器乐声，技巧娴熟。而蝈蝈的翅是耸立作棱状，发音部位较狭窄，所以奏出的音乐富有野趣，浑厚洪亮，故有人说它的乐声富有东方音乐的淳美，故称它为“东方音乐家”。

蝈蝈是一种狡猾的虫子，比较难捉。首先它通体绿色，和草色没有多少区别。当我们听见它的声音走近它时，它就会飞跃腾跳，窜入草丛中隐藏起来。你无论怎么拨动草丛，它也绝不会再飞出。因为它的体色和草色一样，用草来做掩护，很难被发现。即使它被人捉住，也立即会从口中吐出一种难闻的褐色液体，当你感到厌恶，手一松时，它便乘机跳出你的手掌。如果它见这个方法仍不灵，还会用口猛咬你一下，你手一松，它立即会乘机逃跑。假若你还不松手，它会猛地挣扎，把腿的细小基部挣断，舍小脚来保全生命。所以，捉蝈蝈不是一件容易的事。当我们捉住蝈蝈以后，可以用来笼养。

蝈蝈与芙蓉花

笼养蝈蝈也很有讲究。首先要选好品种，应选那种健壮体大、背宽须长，身体碧绿青翠光净，喜欢鸣唱、唱声浑厚响亮的雄蝈蝈为佳。喂养蝈蝈较容易，每天可喂 1 ~ 2 粒青豆，其他蔬菜如南瓜花、丝瓜花、瓜果等也可以。但不要多喂，喂多了蝈蝈就只吃不唱了。据说它也吃辣椒，吃了辣椒更爱唱，也可能是辣椒辣的缘故，所以不能多喂。

装蝈蝈的小笼子要常挂于通风的地方，不能让阳光暴晒，否则蝈蝈会被晒死。晚秋凉爽时，则可适当让其晒太阳，笼子挂在室内为宜，气温不要低于5℃，不然会被冻死。到了冬天要换笼子，一般放在葫芦或竹罐里，注意保暖。

如果喂养得好又保暖的话，可以养到春节前后。

旧时养蝈蝈的葫芦很讲究，可以说十分精美、别致，而且形形色色，琳琅满目。我国现代著名收藏家王世襄老先生就收藏有很多这种养蝈蝈的葫芦，而且还专门写有一本《中国葫芦》，其中讲到装蝈蝈、蛐蛐等秋虫的各式各样的葫芦。有的精美葫芦已成为文物，拍卖可达几十万元。笼养蝈蝈主要是为了听其叫声，不像养蟋蟀是为了观其搏斗。

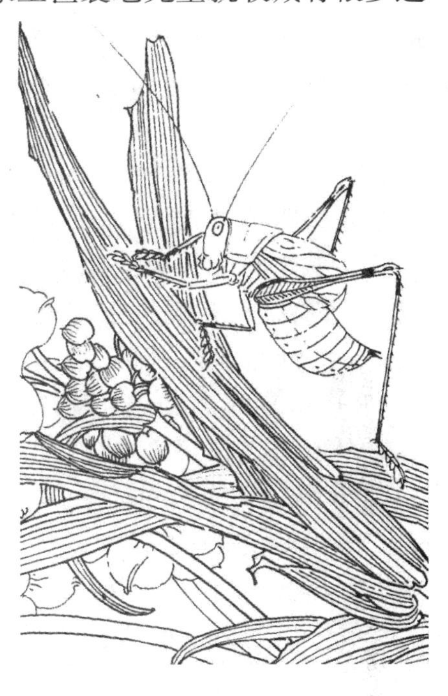

蝈蝈的叫声好听

如何欣赏蝈蝈鸣叫？这又分为“本叫”和“粘药”两种。在现代著名作家徐城北先生写的散文《曾记否，穿城而过蝈蝈声》中写得较清：“本叫乃天然叫声。粘药则点药翅上，变其音响。所谓‘药’，乃用松香、柏油（或白皮松树脂）、黄蜡加朱砂熬成，色鲜红，近似大漆，遇热即熔，凉又凝固而酥脆。粘药之目的在借异物之翅以降低振动频率。”据传，在蝈蝈翅上“点药”出于偶然，是清末宫廷太监偶然发现松树的油脂落在蝈蝈的翅膀上，使得鸣声大变，人们从中受到启发，便人为地在它翅膀上“点药”。这种点过药的蝈蝈的叫声，远比天然的声音好听。

蝈蝈名称的由来

蝈蝈的名称较多，地域不同，品种不同，时间不同，叫法不同。蝈蝈因生于草中，最早古人叫其为草虫。古书中云：（蝈蝈）大小长短如蝗虫，奇音青色，好在茅草中，故名。蝈蝈按其所属又称“螽斯”。因其叫声如纺织又称“络纬”。民间村妇根据其叫声如妇女用纺车纺织时发出的声音，又称它为“纺织娘”。

关于蝈蝈叫“纺织娘”的来历，民间还有一个凄婉的传说。

传说，乡村有一位姑娘出嫁后，婆婆不喜欢她，家中的累活脏活都叫她干，丈夫也不知心疼她，还经常打骂她。有一年秋天，家里收了庄稼和麻，婆婆白天叫媳妇干农活、煮饭、洗衣、担水，晚上又让她把这些麻纺成线。一天天下来，她实在支撑不住了。但是她怕婆婆骂和丈夫打，所以每天还是坚持着。有时实在是太累了，纺着纺着就睡着了。

有一次，她纺线时不知不觉又睡着了，谁知她婆婆起来发现了，发怒地痛骂她："贱人，让你纺线，你在那里睡觉，你这懒猪，白养你了！"并喊来她的丈夫。她丈夫一听说，不管三七二十一，拿起一根棍子就打，结果几棍下来就把可怜的媳妇打死了。媳妇怒气不散，化作一只绿色的小虫子，凄凉地像在向人们哭诉："纺织死，纺织死……"这哀鸣声和用纺车纺织时发出的声音一样，乡里人都同情地称它为"纺织娘"。

有了这个传说，古代文人雅士听到"纺织娘"的叫声，也慨叹道："凄声彻夜，酸楚异常。"道光年间，吴江词人郭麐有《琐寒窗·咏蝈蝈》词云："络纬啼残，凉秋已到，豆棚瓜架。声声慢诉，似诉夜来寒乍……"在民间，人们真没有想到蝈蝈还有这么悲凄的遭遇。

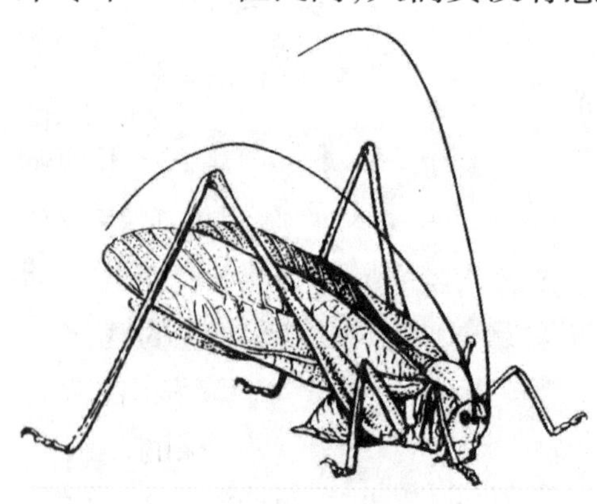

蝈蝈又叫哥哥、蛐蛐

蝈蝈在很多地方因其叫声都被称为"哥哥"。但不同地域也有不同叫法，山东所产的蝈蝈人们称为"鲁哥"，山西所产的蝈蝈叫"晋哥"，河北产的蝈蝈叫"冀哥"，北京产的蝈蝈叫"燕哥"。因其体色不同又叫绿色的蝈蝈为"绿哥"或"翠哥"，黑褐色的叫"铁哥"；黄白色的称"白哥"或"糙哥"。因其不同季节，把夏季的蝈蝈叫"夏哥"，声音低弱；立秋后的称为"早哥"，叫声响亮；晚秋的称"冬哥"或"冬虫"，声音柔弱。此外，还有的地方叫"莎鸡"。而在苏、皖等地还有的称为"叫蛐子""侉叫蛐子""蛐蛐""秋叫蛐子"等。我国现代著名作家汪曾祺的散文《蝈蝈》中就说："蝈蝈我们那里叫做'叫蚰子'，因为它长得粗壮结实，样子也不好看，还特别在前面加一个'侉'字，叫做'侉叫曲子'。"但也有的地方把蟋蟀叫"蛐蛐"，这有些混同了。

从蝈蝈的这些名字，也可看出人们对其叫声还是喜爱的，它毕竟可以为人们带来一些生活情趣。但卖蝈蝈的叫卖声和蝈蝈的叫声现在离我们已愈来愈远，这些只能成为人们的一种忆念了。

善歌好斗格斗士

——趣话蟋蟀

初秋夜，凉如水。吃过晚饭，搬条凳子独坐门前场院，摇扇驱蚊，静听院内秋虫繁密而柔和的合奏，着实很使人入迷。在这支鸣虫合奏的乐队里，蟋蟀该是最著名的乐手了。那"嚁嚁嚁，嚁嚁嚁，嚁嚁嚁——"时而高亢急促，时而轻柔绵绵的鸣声，正在为你编织出一曲轻柔美丽的"梦幻曲"。

乐声悦耳的音乐家

蟋蟀是善于奏乐的音乐家。那鸣声似情郎窃窃私语，又似情妇嚁嚁倾诉，把你的情丝撩拨得如秋水秋风。

为什么说它是音乐家，而不说它是歌唱家呢？因为它的鸣声与人或鸟的发音不同。人和鸟的声音分别是由声带和鸣管发出的，而蟋蟀是由翅膀硬质部的摩擦发出的，所以它的发音是特殊的。

关于蟋蟀的奏鸣声，我国大教育家夏丏尊先生在他所写的《蟋蟀之话》中讲得较清：它们(指蟋蟀)的鸣叫声由翅膀的鼓动发声。把翅用显微镜检查时，可以看见特别的发音装置，前翅里面有着很粗糙的锯状部，另一前翅之端又具有名叫"硬质部"的部分，两者摩擦就发音。前翅还有一处薄膜的部分，叫"发音镜"，这就构成了它的特殊音色机关。

蟋蟀正是因为这些特殊的构造，所以才奏出独特的音乐来。但是能奏出这种特殊音乐的只有雄蟋蟀，雌蟋蟀是不能鸣的。

骁勇好斗的格斗士

蟋蟀不仅是善奏的音乐家，而且还是骁勇的格斗士。我国早在唐代就有养蟋蟀，以供鸣听和斗玩的风气了。到了宋代斗蟋蟀之风更甚，据《宋史·贾似道传》记载，南宋宰相贾似道，沉迷于斗蟋蟀，在金兵打入都城时，他还在"半闲堂"里与群姬斗蟋蟀玩，真是误国害民。

在宋代斗蟋蟀已成为一种风气，还有人写有一本《蟋蟀谱》，专讲蟋蟀的种类，以及识别方法和斗法等。后来又有人不断丰富充实，成为嗜好斗蟋蟀者的教科书。

蟋蟀好斗

宋代不仅大人斗蟋蟀，孩子们也乐此不疲。宋人画苑就有一幅《秋庭童戏图》，画有一群小孩子有的弯腰探身，有的蹲在地上，有的在挑逗蟋蟀玩，极为有趣。

到了明清时期，可以说上至宫廷皇帝，下至市井平民，都玩起斗蟋蟀来，并且斗蟋蟀成为博彩赌博的项目。据《清嘉录》讲，苏州当时把斗蟋蟀谓之"秋兴"。《花镜》中所记杭州斗蟋蟀之事云："每至白露，开场大书报条于市，某处秋兴可观。此际不论贵贱，老幼咸集。"去观看者，也可以纳银作采。若某方蟋蟀胜了，主人也胜，即将一面小红旗插于胜者蟋蟀笼上，负者输银。据顾禄《清嘉录》所记，有的一次可输一百多两银子，可见当时赌注相当之大，不少人因参与斗蟋蟀而倾家荡产，家破人亡。

斗蟋蟀这么迷人，的确有趣。当两只蟋蟀相逢时，双方怒目而视，先是触角相碰，都发出高亢急促的“嚁嚁”声，好像在气势上先要压倒对方，非要争个你死我活不可。交战开始，两只蟋蟀或牙咬，或头顶，或足抓，拼死搏斗。如果谁占了上风，胜者就激烈地高声鸣叫，以振声威；受挫者不甘示弱，稍作休息，猛烈反扑。交战结束，败者或伤或残，夹着尾巴四处乱窜；胜者威风凛凛，追着败敌不放。如果捉住了对方，又撕又咬，败者成为胜者的佳肴美食，残酷至极。

清代妇女们在观斗蟋蟀

虫类或为争食，或为争雄，或为争巢，大打出手，厮斗的现象是常有的，但像蟋蟀这样争斗残酷、激烈、独特、壮观、惊心动魄的是少有的。所以，很多人都喜欢观蟋蟀争斗，故而斗蟀、捉蟀、养蟀、训蟀也随之兴起，并把斗蟀纳入博彩赌博活动之中，成为一种害人的不良之风。

蟋蟀叫，皇帝要

更可悲的是，明清时期，很多最高统治者皇帝也因酷爱斗蟋蟀而不问朝政，并且每年向民间征集蟋蟀。那些为了向上爬而媚上邀宠的地方官员，更是趁机向平民大肆敲诈勒索。百姓惨遭涂炭，民不聊生，怨声载道。清初文人蒲松龄《聊斋志异》里有一篇《促织》讲了一个有关皇帝征集蟋蟀、祸国殃民的故事。

明朝宣德年间，皇帝偏爱斗蟋蟀的游戏，每年都要向民间征集大批善斗的蟋蟀。陕西华阴县县令为了讨好皇上，就作为公差分派乡下每家，让他们进贡蟋蟀。那些刁诈的差役也假借名目，趁机勒索老百姓，使很多老百姓倾家荡产、家破人亡。

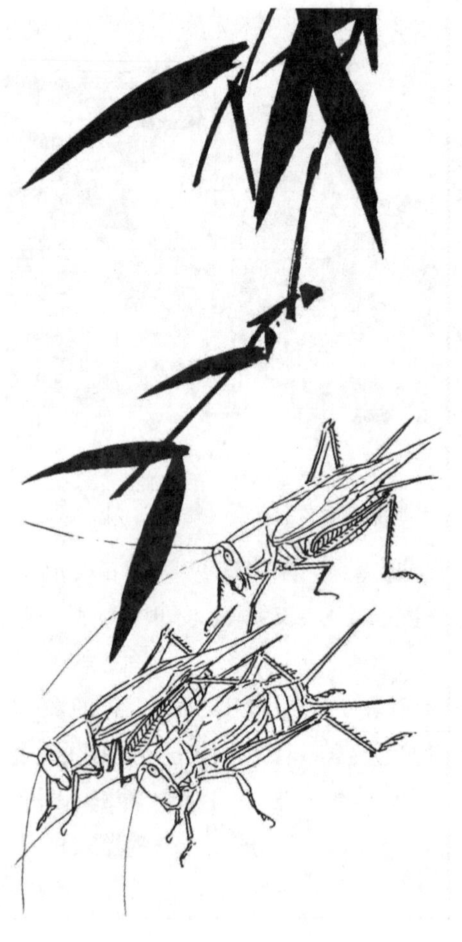

蟋 蟀

华阴县有一个穷书生，叫成名，多次参加考试一直不中，差役便把上交蟋蟀的差事交给他。他为人忠厚怕事，不忍心苦害乡亲。但为了交差，他只好自己买蟋蟀和捉蟋蟀。有一天，他终于捉到一只蟋蟀养在盒子里。成名有个儿子还不懂事，见父亲捉了只蟋蟀就偷偷打开盒盖来看。蟋蟀突然从盒子里跳出，孩子赶快去捉。等孩子捉住蟋蟀时，把蟋蟀一条腿弄断了，最后蟋蟀也死了。孩子的妈妈知道后狠狠打骂了孩子一顿。孩子怕父亲再回来打他，吓得跑出家门。

当成名回来，知道儿子把蟋蟀弄死了，怒吼着要去打儿子。可是找了半天，最后竟在一只井中发现了儿子的尸体。

成名和妻子悲痛悔恨不已，只好把儿子的尸体抱回家中。第二天早晨，成名突然听到家中有蟋蟀的叫声，一看那头蟋蟀还活着。他其实不知，这是他儿子的精魂所化。

他儿子所化成的这只蟋蟀很厉害，不仅能斗败所有的蟋蟀，而且连公鸡也害怕它。成名把这只蟋蟀送进官府，县官又献给抚军，抚军又献给皇上。皇上用这只蟋蟀和最凶猛的大公鸡斗，结果公鸡被斗败了，皇上很高兴，下令赏给抚军、县令很多金银、绸缎。成名也多次得到恩宠，从此变成一个阔气的富翁。

一个孩子因为一只蟋蟀而丢了命，这是一个令人心痛的悲剧。

当时有民谣云："蟋蟀嚁嚁叫，宣德皇帝要。"表现了百姓对宣德皇帝的痛恨。所以，大凡诗人写蟋蟀的诗，也多凄切悲凉。早在宋代，文人姜夔有一首咏蟋蟀的《齐天乐》词云："……哀音似诉……写入琴丝，一声声更苦。"清代纳兰性德亦有《清平乐》词云："凄凄切切，惨澹黄花节。梦里砧声浑未歇，那更乱蛩悲咽……"此词中所写的"蛩"，即指蟋蟀。

古代儿童斗蟋蟀图

秋情凉意的报知者

蟋蟀名称较多，如夜鸣虫、秋虫、地喇叭、蛐蛐儿、赚积等，古时人们也叫蛩。蟋蟀还有个特称叫"促织"。为何又叫促织呢？民间有谚语曰："促织鸣，懒妇惊。"古书云："立秋促织鸣，女工急促之候。"因为蟋蟀叫时已到秋天，冬天就要来了，督促妇女赶紧纺线织布做寒衣。其实，从生物学的角度来看，蟋蟀的鸣声并没有促织的意思，只是人们善于联想而已。人们往往听到它凄切的鸣声，就触发无限的感慨、感怀和感想。所以历代诗人把它的鸣声当成了抒怀的素材，围绕促织写下大量诗词。三国时期魏国诗人阮籍有《咏怀》诗云："开秋肇凉气，蟋蟀鸣床帷，感物怀殷忧，悄悄令心悲……"唐代大诗人杜甫有《促织》诗云："促织甚微细，哀音何动人。"白居易亦有《闻虫诗》云："闻虫唧唧夜绵绵，况是秋阴欲雨天。"宋代大文豪苏轼有《促织》诗云："月丛号耿耿，露叶泣溥溥。"是说露水从树叶上落下似在哭泣，微明的月光下，丛林中促织的鸣叫声传来，犹如在催促人快些纺织一般。宋代诗人杨万里也写有《促织》诗一首。诗云：

一声能遣一人愁，终夕声声晓未休。

不解缫丝替人织，强来出口促衣裘。

此诗紧扣“促织”来写，写它每一声鸣叫都使人发愁。它只知催人声声不休，却不知帮人来缫丝织布。诗人借促织来讽刺那些统治者，只知吃穿，而不知缫丝织布人的愁苦。

女尊男卑的奇恋狂

蟋蟀的恋爱生活也是非常奇特的，它那美妙悦耳的声音更与恋爱有关。这需要我们去细细观察。

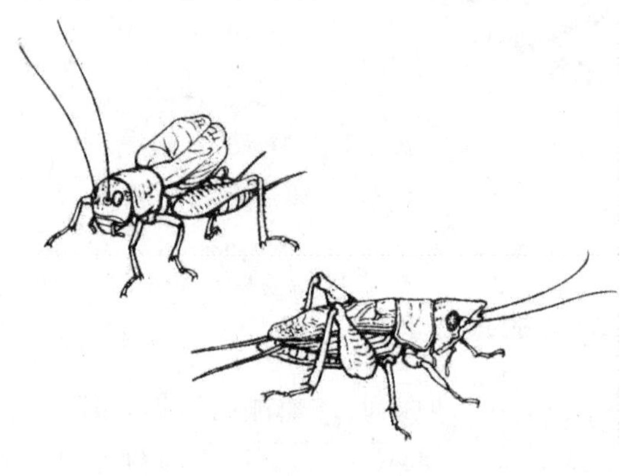

恋爱期的蟋蟀

秋风吹，秋来到。秋天是蟋蟀恋爱期。当雄蟋蟀寻爱时就“嚁嚁嚁，嚁嚁嚁”地叫个不停，声音舒缓悠长，意在招呼配偶的到来；当它找到心仪的配偶后，就又会“嚁——嚁，嚁——嚁”不停地叫，那声音轻柔曼妙，显得情意绵绵；当雄蟋蟀求爱时，就“的铃——的铃——”发出轻声，酷似柔美的铃声，好像窃窃私语。当雌蟋蟀为之动情，慢慢靠近时，“的铃铃铃——”之声有些急促，似欢迎又似高兴；最后它们终于进入洞房，“的铃铃——”的声音渐渐缓和下来。看来虫类也是有性情的，不愧为大自然的精灵。

但是，当蟋蟀交尾之后，雄蟋蟀悲哀的命运就到来了。雌蟋蟀会把雄蟋蟀吃得仅剩下残翅碎片，然后捧着大肚皮等着产卵。雌蟋蟀是虐夫狂，这是一种典型的女尊男卑。

雌蟋蟀产卵时先将尾部的产卵管（在雌蟋蟀的尾部，夹在两根尾须的中间，人们称为“三枪”或“三尾子”）插入土中。把卵产于土中后，才把卵管拔出。一只雌蟋蟀一次产卵可达三百个以上。雌蟋蟀产卵后也即因饥寒而死亡。它所留于土中的卵，于第二年初夏就会孵化出若虫。若虫又经过多次蜕皮，大概到立秋前后才变得像其父母一样。

蟋蟀种类很多，我国常见的有油葫芦和棺材头。对于蟋蟀的形态、习性，我国现代作家流沙河在他的《蟋蟀国》一文中写得较详细："蟋蟀一科，种类繁庶，最著名的当数油葫芦和棺材头。油葫芦长逾寸，圆头，遍体油亮，鸣声圆润如滚珠玉。棺材头短小些，方头，羽翅亦油亮，鸣声凌厉如削金属。油葫芦打架，互相抱头乱咬，咬颈，咬胸，咬腿，野蛮之至。棺材头打架，互相抵头角力，显得稍为文明，基本符合'要文斗，不要武斗'的原则。不过遇到势均力敌，双方互不退让，也兴抱头乱咬。"流沙河真不愧为大作家，在受打击折磨时，仍苦中寻乐，与儿子一起捉蟋蟀、养蟋蟀、斗蟋蟀，并通过蟋蟀来自我解嘲。从这篇回忆性散文中可看出作者宽宏豁达的精神，观察事物之精细，知识之丰富，文笔之优美。该文读来津津有味，充满了生活情趣。

源远的蟋蟀文化

蟋蟀是我国先民最早认识的昆虫之一，早在春秋战国时期，我国第一部诗歌总集《诗经·唐风·蟋蟀》中就有诗云："蟋蟀在堂，岁聿其莫；今我不乐，日月其除。无已大康，职思其居；好乐无荒，良士瞿瞿……"在《埤雅》中亦云："蟋蟀之虫，随阴迎阳，一名吟蛩。秋初生，得寒乃鸣。"另在《尔雅注疏》《四子讲德论》等古籍中也都讲到蟋蟀。历代文人墨客也多有吟咏。可见，蟋蟀自古以来就是人们喜爱的昆虫。

今天，我国人民文化生活水平提高了，捉蟋蟀、养蟋蟀、斗蟋蟀已成为人们消遣休闲、怡情娱乐的业余爱好活动，成为具有浓郁传统色彩的东方文化的一部分。在我国很多地方成立有蟋蟀协会，每年举办一些斗蟋蟀活动，甚至影响到东南亚和欧美一些国家。源远流长的中国蟋蟀文化魅力已散发到世界各地。

随着斗蟋蟀活动的兴起，捉蟋蟀、卖蟋蟀也成为一种产业，并促进了经济和文化的大繁荣和大发展。在山东泰山脚下的宁阳县，蟋蟀成为一种产业，带动了当地经济的发展。因为宁阳的蟋蟀有青、黄、红、紫、黑等近百个品种，以个大、性烈、弹跳力强、搏斗凶狠而闻名中外。每年秋天都会吸引北京、上海、天津、江苏、浙江、广东、香港、澳门等地，以及东南亚一些国家和地区的斗蟋蟀行家和爱好者来这里，可达十余万人，因此宁阳也被美誉为“蟋都”。同时，每年还有很多作家、画家、企业界人士、专家学者会集到这里开蟋蟀文化研讨会，举办各种摄影展、文学作品大赛、工艺品展销、斗蟋蟀比赛等丰富多彩的文化活动。每年蟋蟀交易额可达数亿元。他们已把蟋蟀作为新的经济增长点，正在筹建产业园，争取每年仅蟋蟀这一项特色收入达 10 亿元以上。正如宁阳县的领导所说：历经千载，这里积淀起充满情趣意象的蟋蟀文化，现在正催生出崭新的业态。它融合旅游、林果、书画、工艺、交通、餐饮、服务等多元产业。你看，一个小小的虫子，竟使这里经济和文化等都得到了发展。

饮露食洁居高鸣
——趣话蝉

“知了——知了——”一大清早，绿荫中的蝉便一声接着一声地鸣叫着，告诉人们夏天来了。蝉像夏天的乐手，高居枝头，唱着夏的赞美诗篇。这蝉声不仅丰富了夏的乐奏，也丰富了夏的梦想；不仅丰富了人们的生活，也丰富了人们的情趣；不仅丰富了夏的图画，也丰富了人们的记忆。这不禁使人想起唐代大诗人白居易“微月初三夜，新蝉第一声”的诗句来。

鸣蝉的悠久历史

蝉，因其叫声又俗称“知了”，古代又称“蜩”（音条）。《诗经·豳风·七月》里就有“五月鸣蜩”，是指一种夏蝉。在《诗经·大雅·荡》中也有“如蜩如螗”，这里所讲的蜩、螗，亦指蝉。还有《诗经·国风·硕人》中有“螓首蛾眉”，这里的螓，也是指蝉，螓首为方正广额，视为美女的丽质。由此可见，蝉的历史悠久。

蝉别名又称“齐女”

其实，据考古发现，早在殷墟出土的青铜器中，就已有了蝉的纹饰，并且在殷商时期的甲骨文中也已有了蝉字。另外，蝉又名“齐女”。晋人崔豹的《古今注》中即记有一个哀怨悲恸的故事：“齐王后忿而死，尸变为蝉，登庭树，嘒唳而鸣，王悔恨，故世名蝉曰齐女也。”在陈淏子《花镜》中对蝉的名称讲得较全面清晰：“鸣蝉，一名寒蜇，夏曰螗蛄，称曰蜩，又楚谓之蜩，宋、卫谓之螗，陈、郑谓之蜋蜩，又名腹蜟。雌者谓之匹，不善鸣。”你看，一个小小的虫儿，竟有这么多的别称，多么有趣！

奇特的生活习性

蝉的种类很多，全世界有近2000种之多，我国有120多种。蝉一般体长约为4厘米，身呈黑褐色；头部有3个单眼，呈三角形排列；触角则为毛状，细而短；有一对膜质的翅膀总是覆盖在背上。蝉多爬在树枝上，很少飞翔，只有在采食和受惊扰时才从一棵树飞到另一棵树上。有趣的是，蝉会一边用乐器歌唱，一边用吸管吸树汁，唱歌和吸食互不影响。

蝉的生长生活史漫长而又奇特。蝉的繁殖过程是这样的：夏天，雌、雄蝉开始交尾，交尾后不久雄蝉就死去，而雌蝉在树枝上打孔开始产卵。卵呈白色，为椭圆形，在孔内渐渐发育。经过1～2周，卵孵化为幼虫，由一根丝悬挂空中，再随风降落到地面。也有人说蝉的幼虫是打雷时被雷声震落的，所以又叫“雷震子”。幼虫潜入土中后吸食树根汁液，开始穴居生活。

幼虫在土中经过3～10年的时间，需要经过7次蜕皮后才成蛹，夏天的清晨，蛹又从泥土中爬上树干，再从蛹的背部进行最后一次蜕皮，方蜕化成蝉。蝉蜕下的皮叫“蝉蜕”或“蝉衣”，又叫“金牛壳”，是一味中药。

蝉的幼虫在地下树根间生活的时间还有的长达 13 年之久。据说北美就有一种黑蝉要在地下生活 17 年,这在昆虫界是极为罕见和独特的,因此有“昆虫寿星”之誉。但是,每只鸣蝉在世间生存很短,只能存活一个多星期。古代有一种风俗,在埋葬死人时,要拿一块雕成蝉形的玉放入口中,称作“含蝉”,意为死人含蝉不朽。

蝉由何物变化而来的呢?古代民间说法不一。关于蝉的生态,中国古代传说蝉是由蜣螂(即屎壳郎)变化而来。东汉王充在《论衡》中则说:“蛴螬化为复育,复育转而为蝉,蝉生两翼,不类蛴螬。”而唐人段成式《酉阳杂俎》中说蝉是由朽木所化而生。并记有杜曲村有一个秀才,叫韦翾,冬天挖树根时,见有复育(蝉的幼虫)附在朽根处。他感到很奇怪,就问村里人。村里人说蝉是由朽木所化。韦翾剖开一蝉,果见腹中是朽木。

关于蝉的由来,民间还有一个传说故事呢。传说从前有个赌徒,整天在赌场里鬼混,把家里财产都赌输光了。幸亏他家里有个巧手能干的妻子,靠做鞋子卖来维持生计。一年夏天,妻子好不容易攒下一点钱,让丈夫去市上买些麻线回来纳鞋底。这个赌徒拿了买麻线做鞋的钱到市上很快又输光了,晚上回到家,妻子问他要买的麻线,他没好气地拿起棍子照着妻子头上打去,只听妻子“哎哟”一声倒地而死。赌徒一看出了人命,吓得直往后退,不料被一块石头绊倒,后脑勺着地,鲜血直流,不一会儿也死了。第二天,从屋里飞出两只蝉,一只体型小的,不会叫,是他能干的妻子变的;而另一只体型粗大、浑身漆黑的是赌徒所变,在树上一直“知了——知了——”地叫,好像是愧悔地在承认自己知道错了。

蝉因不同季节、不同鸣声、不同习性、不同体征有不同称法。我们常见的蝉通常称“知了”或“知了蝉”,体大身黑,鸣声粗犷,声响不断,一蝉鸣叫,群蝉应和。人走近时鸣声俱止,在我国广为分布。还有一种叫“蜩”的蟪蛄蝉,呈青褐色,翅淡紫色,鸣声不大,为“吱——吱——”叫声,尖长单调,栖处比蚱蝉低,警觉性差,易捉。在夏末秋初还有一种秋蝉,又称寒蝉、寒蜩、寒螀,呈黄绿色,体较小,叫声“嗞——嗞——”急速悲切,给人以生命短促和悲凉的感觉。此外,还有一种叫声“吱——吱——”的红蝉,又俗称红娘子和草蝉、竹蝉等。一般雌蝉不会叫，雄蝉才会鸣叫。

为什么蝉会鸣叫呢？因为雄蝉腹部第一节两侧有两片弹性薄膜，与声肌相连。当声肌收缩时，带动薄膜产生声波，所以又叫发音器。其鸣叫声就是从这里发出的。由于声肌收缩的快慢和声腔的大小，以及每只蝉的发音器的差别，便产生了多种多样、声调高低不一的鸣声。

绿树新蝉第一声

"绿树新蝉第一声。"夏天，人们都喜欢听蝉的这种自然而带有野趣的鸣叫声，所以集市上便出现了卖蝉的小贩。宋人陶榖《清异录》中记有：唐代长安都城，夏天专门有人捕蝉沿街叫卖，"卖青林乐啰！"所以，"青林乐"也成了蝉的别称。妇女小儿争相买回后，把蝉关在笼子里，挂在窗户上听它的鸣叫，借以增加夏日都市的风情。

当时还有一种风俗，有人聚蝉比鸣，以蝉的鸣声长短决胜负，称为"仙虫社"，说明了当时人们对蝉的喜爱。现在，这种风俗早已被历史所湮没了。

蝉的幼虫，乡里人们称为"神仙"或"仙虫"，据说营养十分丰富，可以油炸和炒食。所以，笔者曾记得，小时候每到夏天的傍晚，便约几个玩友在树林里去挖幼蝉，人们又称"摸神仙"。有经验的孩子知"神仙"或"仙虫"出土的地方，有一个很小的洞口，用树枝一掘，幼虫就出来了。有时在树上或地上也可以捡到幼虫。笔者小时候在夏天还经常把蜘蛛网揉成团，绑在竹竿上粘知了玩；也有时在树林中捡"蝉蜕"，又叫"神仙皮"，拿来卖给小贩，换些零食吃和买小人书看，很有趣。这些童年活动都与蝉有关，但都成了远去的记忆。现在的孩子们很少有这种快乐和情趣了。

高居啼鸣饮朝露

据《琅嬛记》载：唐代著名诗人、书法家虞世南，少年时聪明好学，天资聪慧。父亲让他拜高师顾野王门下。他十年精思苦读，博学多识。

一年夏天，老师让他以"蝉"为题写首诗。虞世南听见窗外的

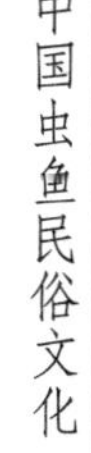

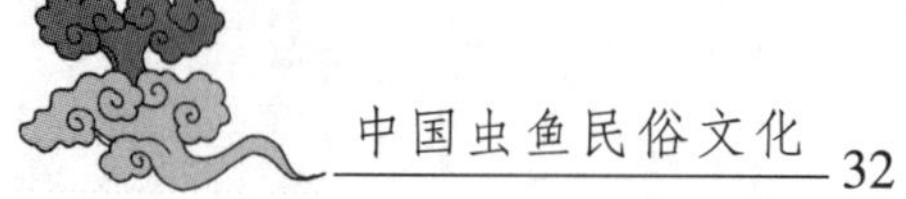

蝉鸣，提笔而成《蝉》诗一首：

垂緌饮清露，流响出疏桐。

居高声自远，非是藉秋风。

老师顾野王读后，拍案高兴地说："好！别看这小子平时沉静寡言，没想到会有这么高的才华，后当享大名于天下也。"这首诗言简意赅，是说蝉头上的触须像是下垂的冠缨，蝉生性高洁，餐风饮露，在挺拔的梧桐树上长鸣不已，有一种隽朗逸韵的声响。这声响传得很远很远，并非是借助了秋风，乃是居高而致远的缘故。诗人借蝉抒怀，言外之意，一个品格高洁、饱学多识的人，并不需要外在的凭借，自然能够声名远播，闻达于天下。

古人一直认为蝉高居，饮露，是一种极洁净的虫，是一种"仙虫"，故有的地方甚至把蝉的幼虫称作"神仙"。晋代文人陆云，还盛赞蝉为"德虫"，专门为蝉写有一首《寒蝉赋》。赋中盛赞："夫头上有緌（下垂的饰物），则其文也；含气饮露，则其清也；黍稷（谷物）不食，则其廉也；处不巢居，则其俭也；应候守节，则其信也。"这难道不是一种有操守的至德之虫吗？可见古人对蝉之宠爱。

在古人眼里，蝉居高饮露食洁，成了高洁之士的象征，所以多大加美言赞赏之。如西汉刘向说："蝉高居悲鸣，饮露……"东汉的赵晔也说："秋蝉登高树，饮清露……"三国的曹植说："（蝉）与众物而无求，栖高枝而仰首兮，漱朝露之清流。"事实上，据现代昆虫学家观察和研究，蝉并不饮露，它有一细长的吸管似的口器，专门用来吸食树内的液体。树液中含有碳水化合物、维生素和水分等，是它的美味佳肴。如此又引来了蚂蚁、苍蝇、甲虫等，都来吸吮树汁。这样不仅影响了树木的生长，甚至导致树木死亡，对树木构成了极大的危害。蝉原来是一种害虫，这是先人们观察不仔细的缘故，文人们又以讹传讹。这需要我们用科学态度来重新认识的。当然，我们也不可一概而论，否认蝉的功绩，如蝉蜕可作中药治病，蝉的幼虫是很好的菜肴。蝉也可以预报天气，如夏天早晨蝉在树端聒噪，说明天气特热。

天牛两角徒自长

——趣话天牛

天牛是孩子们爱玩的一种小动物，但凡过去农村长大的孩子都玩过天牛。当然，现在的孩子作业多，怕没有这闲空去玩了。天牛有多种玩法：有一种是几个孩子每人捉一只天牛，放在地上的同一条起跑线上，比赛看谁的天牛爬得快。还有一种玩法是让天牛拉车，即孩子们把制作的小车拴上线，套在天牛的肩部，放于桌子上，一边吆喝，一边让它拉车前进。捉两三只一起拉，或每只天牛拉一个车来比赛都可以，可有趣了。但现在的孩子多是玩电动玩具、遥控车，很难享受到那种乐趣了。

天牛头上有两只长角

长角为牛竟何事

天牛，最突出的特色是有两只长角，加上会飞，所以叫天牛。李时珍在《本草纲目》中云："此虫有黑角如八字，似水牛角，故名。"其实它是徒有虚名，这只是根据它的形状起这个名字的。宋代著名大诗人苏轼就写有一首《天水牛》，诗云："两角徒自长，空飞不服箱。为牛竟何事，利吻穴枯桑。"诗说天牛像牛一样长着两只很长的犄角，但是有什么用呢？只是飞来飞去徒有虚名，却从来不拉一次车。我不知道这种东西为什么要称为"牛"？它那锋利的尖齿只知在桑树上凿孔打穴，把树都蛀枯了！诗人是以天牛的名称借物抒怀，讽喻那些徒有虚名而专干坏事的人。

天牛在我国分布很广，几乎全国各地都可以见到。天牛的种类也很多，全世界约20000种，我国所见有2000余种。其中最常见的为星天牛，体长有3～4厘米，全身黑色，有凝重的金属光泽，硬实黑亮；翅膀上布有或大或小的白色圆斑点，十分醒目；尤其是它的两根触须很长，呈八字形，大约是它身长的两倍；它的触角还可以灵活摆动，像古装戏中帝王将帅头上戴的长翎毛，看上去很英武威风。李时珍在《本草纲目》中讲得更详细、更清楚："天牛处处有之。大如蝉，黑甲光如漆，甲上有黄白点，甲下有翅能飞。目前有二黑角甚长，前向如水牛角，能动。"特别是天牛的喙黑而扁，牙齿锋利坚硬，形如钳，口器为咀嚼式，它啃树皮时，胸部会发出摩擦的响声，所以民间又俗称它为"锯树郎"。儿童在玩天牛的时候要注意，不要让天牛把手指咬破。我国除星天牛外，还有麻天牛、虎天牛、灰天牛等种类。灰天牛体长仅15毫米，触角长50～80毫米，几乎是其体长的3～5倍。此处，因天牛角呈"八"字形，又称"八角儿"。亦有一角者，称"独角仙"。

莫信蝎化害树木

天牛，据传是由蝎子变化而来的。古书上记有："蝎一名蠹，在朽木中，食木心，穿如锥刀，口黑，身长足短，节慢无毛。至春雨后，化为天牛，两角状如水牛（亦有一角者），色黑，背有白点，上下缘木，飞腾不远。"这种说法不可信，据专家研究观察，天牛由雌雄交配产卵繁殖的。因其品种、地域不同，其繁殖产卵也不同，有一年一代的，有两年一代的，也有三年两代的。雄虫与雌虫交尾后，雌虫把卵产于树皮缝隙中。卵孵化后成幼虫，先钻入韧皮部，蛀成横七竖八的虫道。幼虫在其中蛀食韧皮部，使木质部与树皮脱离，不能运输水分和养料。我们从它们蛀树干上的空洞口下处可以见到有很多渣子，那是它的粪便。天牛幼虫成熟后，又潜入木质部，在树干上钻出很多洞，并作为蛹室在里面化蛹。成虫羽化后又继续危害树木，有的直至把整棵树干都蛀空，致使树枯死或被风吹断。天牛对树木危害极大，特别是对桑、杨、柳、榆、刺槐、梧桐等几十种树木危害最为严重。

天牛虽然是害虫，我们可以把它的幼虫捉来经油炸或烧烤吃，变害为利。法国昆虫学家法布尔所著的《昆虫世界》的《天牛》篇中，记有法布尔一家和朋友们烤吃天牛幼虫的情景：“把小虫用铁钎串好，放在熊熊的炭火上烤。唯一的调料就是一把盐。虫烤成金黄色，发出轻微的吱吱声……仔细品味着，吃得很高兴。大家一致认为，又软又多汁，味道很好，有点像烤杏仁再加点香子兰香的味道。”可见，天牛还是道很好的菜。另据李时珍的《本草纲目》载，天牛还可以治“疟疾寒热，小儿急惊风，及疔肿、箭镞入肉，去痣靥”等，这又变废为宝了。

历史悠久的国虫
——趣话桑蚕

神奇传说马变蚕

民间神话传说，早在太古时期，有一户人家，父亲远出。家中还有一个女儿和一匹马。几年来女儿养着马，非常思念远在外地的父亲。

有一天，这女孩喂完马，对马戏言说：“马啊，你如果能把我父亲接回来，我就嫁给你。”这马听此言，脱缰而去，一直跑到女孩父亲所住之处。女孩的父亲见到自己家里的马非常惊喜，就想骑上去，这马却悲鸣不已。女孩的父亲说：“此马如此悲鸣，莫非家中出了什么事故？”赶紧乘马而归。

女儿把对马许下的诺言告诉了父亲

女孩见马把父亲接回来，十分感激，加倍地爱马，喂马好吃的，但不再提嫁给它的事儿。殊不知，马是通人性的牲畜。这马见女孩

食言,不肯吃东西,并且见这女孩出来,就不止一次地愤击。女孩的父亲感到很奇怪,就悄悄地问女儿。女儿就把她对马许下的诺言告诉了父亲。父亲一听就发怒说:“岂有此理,这畜生简直是妄想,真是有辱家门。”便用弓箭把马射死,又把马皮剥下来铺在庭中。父亲又外出做事去了。

有一次,这女孩与邻居家的女孩在马皮上玩游戏,并说:“你是畜生,哪有娶人为妻的呢?你招此射杀剥皮,不是自讨苦吃吗?”这女孩刚说罢,马皮蹶然卷起女孩就飞跑了。邻家女孩看到此情景非常害怕,不敢去救,赶快去告诉了邻居们。等邻居们赶到,那马皮卷着女孩已经跑远了。

数月后,一棵大树枝间出现了蚕(是马皮和女孩转化成的)。那蚕头似马头一样昂着,白胖胖的身体像姑娘一样,故人们称其为“马头娘”。马头娘爬在树上吃了树叶,又化为茧。这茧比一般的茧要大要厚。邻家妇女把其取下来养于家中,它的出丝量比一般的茧要多出数倍。大家认为这件事是一件丧事,故取谐音,把这棵树叫桑树。后来,这里的百姓就用桑叶喂蚕,养起桑蚕来。桑蚕就是现在人们所养的家蚕。

其实,这是人们根据蚕的头像马头一样,蜕皮的时候,把头抬得高高的,好像一头昂首的白马一样,才传出这个故事。东晋文学家干宝在其《搜神记》中也记有此神话传说故事。

传说毕竟是传说,不可信以为真。李时珍在《本草纲目》中即记有:“蜀人谓蚕之先为马头娘者以此。好事者因附会其说,以为马皮卷女,入桑化蚕,谬矣。”

蚕为国虫当无愧

虽然,这个神话故事不足以信,但也说明了我国家蚕的养殖早在远古时期就开始有了,而且人们也已知道用桑叶养蚕,家蚕比野蚕所结的茧厚、丝多。这些也正符合我国的史料记载和考古发现。据考古工作者1958年在浙江省吴兴县钱山漾一座距今约五千年的新石器时代的遗址中,发掘出的一批已经炭化的绢片、丝带和丝线等丝织品来看,蚕在我国已被广泛家养了。另外,其他一些野外考古发掘也充分证明了这一发现。

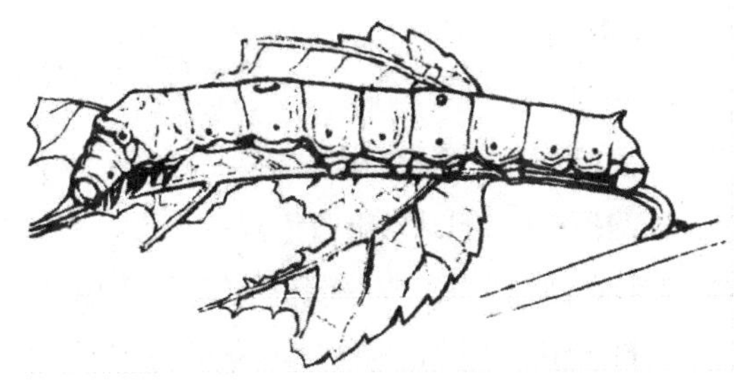

蚕为国虫

我们再从古代文籍中所记的商纣王的奢侈豪华的生活中可以看出，他所穿的是丝织的“锦衣”，宫中所用的是丝织的。这些也说明了，早在我国的殷商时期，就已发展有绫织，并有了花纹、斜纹、平纹等丝织技术和花样。在我国二千多年前春秋时期的第一部诗歌总集《诗经》中，也有描写那时妇女采桑养蚕的情景。其《豳风·七月》中有：“春日载阳，有鸣仓庚。女执懿筐，遵彼微行，爰求柔桑。”该诗用现代汉语翻译的意思是：春天里一片阳光，黄莺在婉转歌唱。妇女们提着箩筐，缓缓地走在乡间小路上，去给蚕儿采摘桑叶。

在我国历史上，汉代是养蚕丝织业发展的鼎盛时期。汉武帝时我国向西方开拓了一条著名的“丝绸之路”。这条路沿着昆仑山北坡西行，经中亚、西亚，到欧洲的古罗马等国，连接起我国与世界各国人民。一直到唐代，这条路始终维系着东方和西方的经济和文化的交流，成为中国人民与世界各国人民通过贸易进行友好往来的金桥。即使到今天，一条新的“丝绸之路”经济带仍连接着中国和新“丝绸之路”沿线八国（蒙古国、哈萨克斯坦、俄罗斯、白俄罗斯、波兰、德国、比利时、荷兰），给世界经济、文化增添了新的动力。这为加快我国内陆地区开放和经济发展提供了历史性机遇。建设“丝绸之路经济带”这一重大战略决策，已写入党的十八届三中全会决议。追溯历史，这不能不提到小小桑蚕的功劳。

蚕是中华民族悠久历史的见证。“丝绸之路”是中华民族走向世界的金光大道。有人说，国有国花、国鸟，如果推选国虫，蚕应是中国的国虫，且当之无愧。

春蚕到死丝方尽

蚕吃的是桑叶，吐出的是细丝，对人们贡献可谓大矣。蚕本为野生，开始柞叶、樗叶、蓖麻叶、桑叶等都吃，所以，吃柞叶的称柞蚕，吃樗叶的叫樗蚕，吃蓖麻叶的叫蓖麻蚕，吃桑叶的就叫桑蚕。

我们祖先开始穿兽皮、树叶、葛麻编织的衣服。他们在采集野果和食物时，在树上发现了这些小虫吐丝所结的茧子，可以抽出很长很长的细丝，把丝合在一起可以搓成线，非常结实。他们想：用这些线纵横编织在一起，可以当衣服穿，比葛麻、兽皮所做的衣服穿着舒服多了，而且耐穿。于是就开始用蚕丝纺织做衣服。

蚕食桑叶

开始先民们是采集利用野蚕。后来，随着人们的定居和蚕丝利用得越来越广泛，先民们又开始把野蚕进行家养，丝织技术也越来越进步了，并且因为人们发现桑树叶所喂养的蚕结的茧厚得多，所以人们家养的蚕也多用桑叶喂蚕，故桑蚕又称家蚕。

为什么家蚕喜欢吃桑叶呢？因为桑叶中不仅含有水分、脂肪、矿物质，还富含蛋白质、糖类。蚕吃了桑叶后，经过酶的消化分解，吸收了桑叶中的蛋白质、矿物质和糖类，形成绢丝蛋白质。其中吸收不了的排出体外，就是我们见到的蚕沙。之后，绢丝蛋白质再经过一系列变化形成甘氨酸、丙氨酸等氨基酸。蚕再把这些氨基酸通过丝腺、丝液合成丝素等蛋白质，最后成为蚕丝，才源源不断地吐出。蚕丝中含有一种生物蛋白质，人们穿了这些用丝织成的衣服，不仅舒服，而且对身体有益。经观察和研究，一只用桑叶喂养的家蚕，可以吐丝 3000 多米，而野外吃别的树叶生长的蚕，吐丝仅为

100 ~ 200 米，所人们多用桑叶来喂养家蚕。

家蚕是一种完全变态类昆虫，先由灰白色扁圆的卵，逐渐蜕变为白色幼虫，很小，像蚂蚁，叫蚁蚕。幼虫吃几天桑叶后逐渐长大，开始睡眠。睡眠一天，蜕去旧皮，又开始吃桑叶，接着又睡，又蜕皮。蜕皮一次成长一步。因为蚕总是吃了睡，睡了吃，像婴儿一样，所以人们亲昵地称它为“蚕宝宝”。大约经过两周四次蜕皮后，身体变得透明起来，它们准备吐丝了。它们用吐的丝结茧把自己包起来，人们称这是“结茧自缚”。人们再用这些茧抽丝织绸、织缎。

蚕在吐丝时，俨然似一部天然的造丝机器。它吐丝结茧的时候，头忽高忽低，左右摇摆着将丝绕成一个个排列整齐的“8”字形丝圈。结 20 多个丝圈便移动一下位置，这样来回移动不停地编织着。当一端织得差不多了，它来个 180 度的大转弯，又开始织另一端。所以蚕茧多为两头略粗中间细的形状。每只蚕编织茧时，需要转动 300 余次，绕 6 万多个“8”字形的线圈，总共要吐丝 3000 多米长，如果把 10000 多只蚕所吐的丝连接起来可以沿赤道绕地球一圈。你看，这小小的蚕宝宝多么伟大，勤劳。

家蚕一年大约生产 3 代，分为春蚕、夏蚕和秋蚕。唐代大诗人李白就有“吴地桑叶绿，吴蚕已三眠”的诗句。

我国古代就有男耕女织的传统，所以养蚕、采桑、缫丝、纺织者自古多为女性。这是一件非常辛苦的活儿。但在封建社会，养蚕已是一种养家糊口的重要生活门路，官府也多以收蚕丝税来压榨蚕农。古代以此为题材的诗很多，如唐代诗人唐彦谦的《采桑女》，就是写桑农的艰辛和愁苦的。诗云：“春风吹蚕细如蚁，桑芽才努青鸦嘴。侵晨探采谁家女，手挽长条泪如雨。去岁初眠当此时，今岁春寒叶放迟。愁听门外催里胥，官家二月收新丝。”诗写春天蚕小如蚂蚁，桑叶刚刚冒出像鸦嘴样的嫩芽。天还没亮，谁家女儿就已经下田采桑了。可是手挽着长长的桑树枝条，无叶可采，她泪水如雨。去年此时，蚕已初眠，今年此时，桑叶还没有冒出。可是乡里的官家，一到二月就上门催收新丝了。该拿什么交啊！该诗读来催人泪下。

“春蚕到死丝方尽。”蚕的一生是无私奉献的一生。在它短暂

平凡的一生中，索取的很少，奉献给人类的却很多。这一忠诚的小生物，吃的只是一片片绿叶，却给人类献出晶莹闪亮的丝来。它无所求地为人类辛勤地服务了5000多年，为编织和装扮人们的美好幸福的生活默默无闻地奉献了自己的一生。我们该用什么美好的词语来赞美它崇高的品格和美德？

彩蝶飞舞惹人醉

——趣话蝴蝶

蝴蝶是美丽的，美在其色彩斑斓，各种美的色彩都在它身上聚集，应有尽有，给人以美的享受。蝴蝶是流动的，是会飞的花朵。花的色彩，花的风姿，花的美丽，都在它身上得到呈现，让人流连，难以割舍。蝴蝶是恋花的，花招蝶，蝶恋花，花蝶浑然一体，你我不离，竟为人间增添了无限乐趣。大凡爱自然、爱人类、爱生活者，没有不喜爱蝴蝶的。

色彩缤纷锦焕然

蝴蝶是美的化身，人们又称其为“彩蝶”，故也有“彩蝶飞舞惹人醉”之语。蝴蝶在我国的云南最多，云南素有“蝴蝶王国”之称。其次是台湾、海南、四川等地。

蝴蝶的身体主要分为头、胸、腹三部分。体表和翅膀披有鳞毛和鳞片，嘴有可任意伸缩的虹吸式口器，用来吸吮饮食。头上的触角棍棒状或锤状，翅膀阔大，有四翅，静止时翅竖立于背上。此外，蝴蝶喜欢在阳光下活动、飞翔。

蝴蝶的一生分为四个发育阶段。第一阶段是卵期。它的卵形或如馒头或如扁豆或如纺锤或如酥梨，色彩或黄或绿或白，多姿多彩。第二阶段是幼虫期，幼虫身上长有密密麻麻的毛，又称毛毛虫，特让人厌恶。幼虫经过4～5次蜕皮成蛹，最后再由蛹羽化为成虫，每年3～6代。

蝴蝶之美，在它色彩斑斓的翅膀上。蝴蝶的翅膀为什么会如此美丽呢？古代传说是由金玉所变。《杜阳杂编》记有，穆宗皇帝在殿前种有千叶牡丹，花开时，香气袭人。每朵花千瓣，大而艳。宫中每天都有很多黄色和白色的蝴蝶飞集于花间，辉光耀眼。宫人们竞以罗帕扑之，相互追逐，以为娱乐。有扑一蝴蝶者，视之，则皆金玉也。也有传说蝴蝶是由仙人的遗衣所化。据宋《太平广记》载陶、尹二仙衣化蝶以及明陈耀文《天中记》衣化条引《罗浮山志》载：罗浮山有蝴蝶洞，在云峰岩下，古木丛生，四季都会有彩蝶飞出，世传为葛仙遗衣所化。此外，在《尔雅翼》中说是由菜虫所化；《埤雅》则说是由蔬菜所化；《酉阳杂俎》中说百合花化蝶；《北户录》中又说为树叶化蝶；《古今注》云由橘蠹化蝶。众说纷纭，莫衷一是。其实，这些都是人们神思飞扬而编造出来的美好故事。其实，蝴蝶之美是在它的翅翼上，覆缀有无数微小的五光十色的色素鳞片，在阳光的照耀下呈现出色彩缤纷、光彩熠熠的金属光泽。所以，它色彩缤纷，焕然光彩。

美丽的彩蝶

蝴蝶品种繁多，在我国有 1300 多种，其中主要的有蛱蝶、凤蝶、绢蝶、粉蝶、环蝶、斑蝶、灰蝶等。其中凤蝶类最为美丽，翅大色艳。其翅面由红、黄、蓝、青、黑、白等色构成各种花纹，并呈金属光泽，飞翔时飘飘然，风姿绰约。凤蝶中的中华虎凤蝶、金斑喙凤蝶、双尾凤蝶、三尾凤蝶最为稀少美丽，为我国重点保护的野生蝶类。绢蝶也较飘逸美丽，最主要的特色是翅翼轻薄如绢，翅表有黑、红色圆斑点及无鳞透明区，其中的阿波罗绢蝶，也为我国重点野生保护蝶类。此外，还有粉蝶朴素大方，翅中小型，为白色或黄色，有黑色斑缘；灰蝶蝶身小纤巧，楚楚可爱；斑蝶翅有彩斑，层层相叠。蝴蝶之美真乃琳琅满目，蔚为大观。

蝴蝶文化内涵深

蝴蝶美丽，惹人喜爱，招人青睐，故引来文人咏蝶，画家画蝶，绣女绣蝶，乐工奏蝶，美女舞蝶……历史上形成了内涵深邃的蝴蝶文化。早在《庄子·齐物论》中已有“庄周梦蝶”的故事。

庄周梦蝶

故事是讲庄周时常做梦，梦见自己变为一只蝴蝶，并且醒来时，尚觉臂膀如两翅飞动，心里感到很奇异。庄周便把自己所做的梦告诉了自己的老师李耳，即老子。老子给他指出了他的前世在人世混沌初分时，是一只白蝴蝶，因偷采了西王母娘娘蟠桃园中桃花的花蕊，被王母娘娘座位下守花的青鸾啄死。其神不散，托生于世，成了庄周。庄周被老师点破了前生后，把世事看作行云流水。故《齐物论》中有，不知庄周之梦为蝴蝶，还是蝴蝶之梦为庄周？所以，后世多用“梦蝶”“蝶梦”“梦化”“蝴蝶梦”来比喻人生的虚幻梦境。

宋代还有一个家喻户晓的《包拯勘蝶》故事，更说明了人世情缘的大贤、大美、大善。

宋代时，汴京城（今开封市）有一位姓王的老者，家有三个儿子，都喜欢读书。有一天他上街为儿子们买纸、笔，不料被一个骑马的“官二代”葛彪撞死。三个儿子听说后，去找葛彪报仇，把葛彪这个浪荡公子给打死了。三个儿子都被官府抓进监狱。恰巧审判此案的是公正无私的包拯。在审此案前夜包公做了个梦，梦见自己走进一座百花烂漫的花园中，看见一个亭子上所结的蛛网，正网着一只蝴蝶。不一会儿，飞来一只大蝴蝶，把所网住的蝴蝶解救了下来。后来，又飞来一只蝴蝶，也被这蛛网网住。那只大蝴蝶又把第二只刚网住的蝴蝶也救了出来。最后又飞来一只小蝴蝶，也被蛛网网住。那只大蝴蝶一直在蛛网边飞来飞去，却不去救它。包拯见小蝴蝶怪可怜，起了恻隐之心，把小蝴蝶从蛛网上放走了。

第二天，包拯正好审判打死葛彪的案子。弟兄三人都争着承认是自己打死了葛彪，互相为兄弟解脱罪责。包拯说："只要你们三个人中有一人抵命，其他二人就可以释放。"便问他们母亲要哪一个儿子去抵命。母亲回答说："要最小的三儿子去抵命。"包拯问母亲："为什么要最小的三儿子去抵命呢?"母亲悲咽说："我是大儿子、二儿子的继母，这第三个儿子是我亲生的。我怎么能送他两个哥哥去抵命呢?"包拯被这位贤母的举动所感动，便想到昨天夜里所做之梦不正巧合今天的案子吗？于是，包拯假判道："那好，就让你小儿子王三去偿命吧！"事后，包拯不仅没有杀王三，还设法把王三放走了。

由此可见，蝴蝶与我国文化情缘之深，这也说明了我国历代劳动人民对蝴蝶的深爱之情。

蝴蝶双双喻情深

阳春三月，百花盛开，彩蝶飞舞，成双成对。我国自古民间把蝴蝶视为良辰美景、夫妻好合的象征，由此爱之、歌之、咏之、叹之，从而演绎出许多美丽动人的传说故事。

因蝴蝶成双成对，民间多把蝴蝶比喻为夫妻好合、情深意长。蝴蝶为何成双成对呢？人们首先想到的是中国民间四大传说之一的"梁祝化蝶"的故事。

故事是说，梁山伯的父亲梁员外早死，十八岁的梁山伯告别母亲到杭州去读书。在路上巧遇女扮男装的祝英台，也是去杭州读书。二人结拜为兄弟，同在一家私塾读书。同窗三年，山伯始终不

知英台是个女子。

后来,英台家中有事要回家,英台走时把自己女扮男装的事告诉了师娘。山伯在送英台回家的路上,英台用各种比喻想表白自己是个女子,以及对山伯的爱慕之情。可是山伯一直不悟。祝英台只好说家中有个小九妹,面貌、性情与她一样,尚未订婚,让他去求亲。

英台从杭州读书回家后,一个姓马的财主替儿子向英台父母求婚。英台的父母答应了这门婚事。英台得知后郁郁不乐。

蝴蝶成双飞舞

自英台走后,梁山伯日日思念英台,师母便把英台女扮男装的实情告诉了山伯。山伯立即赶往英台家。可是已经晚了,英台已许与马家。

两人相见,述及此事,十分伤悲。山伯一回到家,就病倒不起。不久,因思念英台病重而死。

英台闻知山伯的死讯后,更加悲郁,但马家接亲的花轿已来到门前。英台无奈,要求花轿先把她抬到山伯墓前停一下,然后再去马家。马家只好应允,把英台乘坐的花轿先抬到梁山伯的墓前。

英台到山伯的墓前,恸哭欲绝,感天动地。坟墓突然裂开,英台见墓裂开,迅速投入墓中。

不一会儿,从坟墓中飞出一对蝴蝶,双双飞上天空。人们都知这是山伯和英台所化成的蝴蝶。后来,人们便以蝴蝶双飞来比喻夫妻恩爱、情深意长。

此外,还有一则也是妇孺皆知的关于“韩妻化蝶”的故事,也很感人。传说宋康王舍人韩凭的妻子,长得很美,宋康王欲夺为妃。

韩凭不从，被康王所杀。宋康王把韩凭的妻子夺为己有后，韩凭妻整日流泪，郁郁不欢。

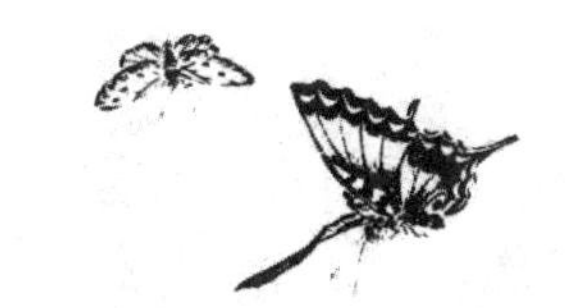

有一次，康王为讨韩妻欢心，便领韩妻登高台赏景。韩妻登上高台后，趁康王不备，纵身跳下，别人急忙去拉，结果只扯下裙子的一角。不一会儿，裙角化为两只蝴蝶飞走了。后来，人们便以“韩妻化蝶”来比喻坚贞、纯洁的爱情。

蝴蝶翔舞（选自《马骀画宝》）

花恋蝶，蝶恋花。春花盛开，彩蝶双舞，这正象征了夫妇和美、恩爱相携。宋代大诗人欧阳修的一首《望江南·江南蝶》，把蝴蝶情深恩爱的性情都写了出来，更有情趣。

> 江南蝶，斜日一双双。身似何郎全傅粉，心如韩寿爱偷香。天赋与轻狂。　　微雨后，薄翅腻烟光。才伴游蜂来小院，又随飞絮过东墙。长是为花忙。

这首词写江南蝶双双对对，飞来飞去，尽情享受着爱情和生命的欢乐。它们的身躯像敷了脂粉一样漂亮。微雨过后，薄翅上像涂了烟光，刚刚还伴蜜蜂游玩，一会儿，又随飞絮飞过东墙，一天到晚为花奔忙。该词情趣盎然，意味深长，把蝴蝶描写到了极致，难怪世间人们喜用蝴蝶比喻爱情。

此外，民间还把蝴蝶视为吉祥物，因“蝶”与“耋”谐音，耋指年高寿长，在祝寿时还以蝴蝶为图案，有“耄耋富贵”“耄耋寿居”，来祝福老人长寿，富贵安康。

蝶舞翩翩民间爱

蝴蝶美丽，华彩夺目，不仅丰富了人们的生活情趣，还深得少女们的喜爱。现在不少姑娘都喜在头上扎个彩色的蝴蝶结，像一

仙女扑蝶

只蝴蝶在活泼少女头上翩翩起舞，更增加了少女们的魅力。其实，这种风习早在我国唐代就已盛行。《开元天宝遗事》就记有：每当阳春三月，唐明皇便在宫中设宴，嫔妃们头上都插着艳丽的鲜花。如果谁头上落下蝴蝶，众嫔妃们羡慕不已，皇上对她也格外恩宠。蝴蝶毕竟有限，有些嫔妃就自己做假蝴蝶与花一起插在头上。这种风习传出宫外，民间女子们也都纷纷效仿，喜欢在头上扎蝴蝶结。

因为蝴蝶美丽好看，色彩缤纷艳丽。现在还有一些人捉来蝴蝶做标本或当工艺品卖。如果你到云南旅游的话，在很多旅游区和工艺品商店都可以买到用蝴蝶做的工艺品。

美丽的蝴蝶还可以美化人们的生活，人们也深深喜爱蝴蝶。在我国云南大理市东20公里洱海边的苍山脚下，有一潭清澈的山泉，在每年农历四月初，孟夏时节，泉水边的树上聚集有很多大大小小、五颜六色的蝴蝶，一只衔着一只，像紫罗兰一样，成串地从树叶上悬挂到水面上。忽然，有一只垂近水面的蝴蝶碰到泉水，一惊起飞，整串整串的蝴蝶都会一起飞起来，仿佛天女散花，各色蝴蝶翩翩起舞，简直成了一片花的海洋，蔚为大观，让人仿佛进入了童话世界，这就是著名的蝴蝶泉边的蝴蝶会。我国明代著名旅行家徐霞客在其游记中早已记有：“泉上大树，当四月初，即发花如蛱蝶，须翅栩然，与生蝶无异；又有真蝶千万，连须钩足，自树巅倒悬而下，及于泉面，缤纷络绎，五色焕然。”这是多么令人目眩神迷的奇观啊！难怪凡到大理的游客，都想去观赏一下这人间奇景呢！可惜的是，好景难逢，每年的蝴蝶会时间没有规律，常有变化。加之时间短促，很多人难有这种眼福。

蝴蝶，你是美的化身，你是大自然的精灵，是你给人们带来美的享受。

飞蛾扑火自焚灭

——趣话飞蛾

飞蛾为什么扑火

中国有一个歇后语："飞蛾扑火——自取灭亡。"因为飞蛾是一种夜间活动的昆虫，有趋光的习性。当它见到灯光或火光时，便匆匆飞过去，围着灯火打转。如果你用扇子把它刚驱走，当你一停下，它又会飞过来，跌跌撞撞地向火中扑过去，结果一命呜呼，自取灭亡。

飞蛾为什么要扑火呢？民间还有一个悲情故事。

从前，有一只母飞蛾生了一只小飞蛾，小飞蛾长得美丽极了，谁见谁爱。小飞蛾在母亲的精心培养下，一天天长大起来，渐渐长成一个漂亮的大姑娘。

有一天，母飞蛾与小飞蛾正在一块儿玩，一只长着满身黄毛的丑毛虫见了小飞蛾立即被她迷上，想娶小飞蛾为妻，便走上前，气势汹汹地威胁母飞蛾说："你知道我的厉害吗，谁要是不听我的话，休想活下去！"母飞蛾看

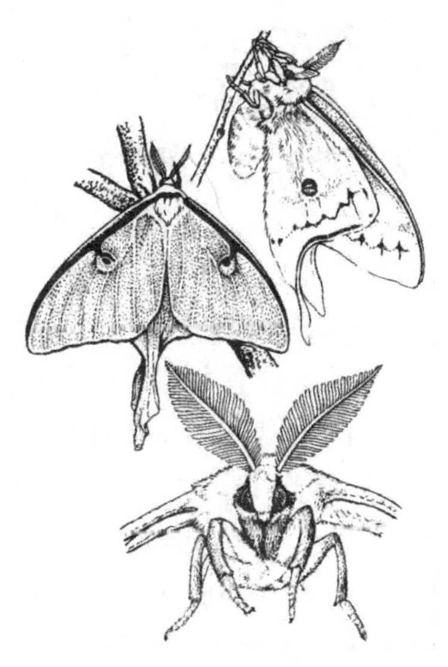
蛾的色彩单调

到丑毛虫像恶神一样，立即拉着小飞蛾想躲开。丑毛虫走上前拉住小飞蛾狠狠地说："小飞蛾长得这么漂亮，我要娶你为老婆。"

母飞蛾早知丑毛虫不怀好意，听了丑毛虫的话后，气昂昂地说："你这丑毛虫休想娶我女儿，等我老公回来再与你算账，非把你身上的毛拔光不可！"丑毛虫见母飞蛾毫不示弱，还有这么厉害的老公，赶紧扭头就跑。母飞蛾与小飞蛾这才松了一口气。

谁知，这一句话竟惹来大祸。第二天，丑毛虫拖着一只公飞蛾的尸体过来。母飞蛾一看正是自己的老公，一边放声大哭，一边大骂丑毛虫："是你害死了我老公，还想夺走我心爱的女儿，你太狠毒了。"说完，拉着小飞蛾就要飞走。那丑毛虫见她母女俩要逃，立即用身上的毒刺向母飞蛾刺去。母飞蛾被刺受伤，再也飞不动了。丑毛虫把母飞蛾捆住，要去捉小飞蛾。小飞蛾迅速飞起。丑毛虫想追也没有追上。

小飞蛾飞呀，飞呀。天黑了，她飞到一个农夫家里。想母亲受伤还在丑毛虫手里，自己也难逃丑毛虫的追捕，宁可死去，也不能让丑毛虫得逞。便毫不犹豫地向农夫家点的油灯扑去。

后来，丑毛虫得知小飞蛾扑火死去的消息，点起一堆火，毒刑拷打母飞蛾，硬逼母飞蛾做其老婆。母飞蛾一听气得发抖，想自己的老公和爱女都被丑毛虫害死，自己活着还有什么意思，宁可投火而死，也决不能嫁给丑毛虫而生。想到这里，母飞蛾趁丑毛虫不注意时，奋身跳入火中自焚了。后来，人们说的"飞蛾扑火"就是从这个故事讲起的。历代文人墨客多借此赞颂飞蛾的勇敢，为了向往光明，追求忠贞，不惜以身殉火，死有所值。但也有些诗人词客，根据飞蛾的趋光这一特性，讥谤它趋炎附势，结果落得个自取灭亡的下场。唐末五代诗人韩偓就有《火蛾》诗云："阳光不照临，积阴生此类。非无惜死心，奈有灭明意。妆穿粉焰焦，翅扑兰膏沸。为尔一伤嗟，自弃非天弃。"诗写飞蛾生于阴暗潮湿、阳光照不到的地方。它并非不怕死，而是因为有趋光的本性。当它穿过火苗的时候，触须被烧焦，连翅带身跌进沸腾的灯油里。真为这类扑火的飞蛾而感到叹息：这绝不是上天要抛弃你，是你自己趋炎寻死啊！诗人借飞蛾生于阴暗潮湿处，黑暗中有趋光的本性，揭露了那些趋炎附势、阿谀奉承者的嘴脸，讽刺它们死不足惜，是自取灭亡。

飞蛾为什么要扑火呢？据专家研究和观察，这与蛾类的复眼构造的特殊有密切关系。蛾在光线很弱的情况下，可以看清物体。反则，光线一强，它倒像瞎子一样，什么都看不见了。甚至会目眩，翅膀的肌肉紧张，迫使它不能直线飞行。因此会歪歪扭扭、身不由己地扑向火中。这与人们说的它勇敢或趋炎附势并没有什么关系，这只不过是文人们的浪漫想象而已。

蝶蛾本是一家亲

平时人们容易把蛾与蝶混淆，往往把蝶当蛾，把蛾当蝶。本来它们就是一个大家族的近亲，同属于鳞翅目，均为全变态昆虫，即由卵而幼虫而蛹而成虫。李时珍《本草纲目》中云："蝶，蛾类也。大曰蝶，小曰蛾，其种甚繁，皆四翅有粉……"

其实，它们是有区别的。蝶与蛾的区别有哪些呢？根据它们的形态、生活习性，主要区别有：蝶大，身体瘦长；蛾小，身体短粗。蝶类均在白天活动，习惯采食花蜜；蛾类大多在夜间活动，习惯趋光扑火。蝶停息休息时，双翅竖立背上；蛾的两翅平叠在背上像屋脊。蝶的触角细长，末端膨大似长棒；蛾的触角为丝状和羽毛状。蝶的幼虫体表一般较光滑，颜色鲜亮，化蛹时不作茧；蛾的幼虫体表一般都有很多毛，化蛹时钻入土中，或在树枝间吐丝作茧。还有，蝶类色彩鲜艳美丽，形态潇洒迷人；但蛾类色彩单调，简单，形态小气。但是，蛾类也有美丽如蝶的，如凤蛾与凤蝶一样，色彩鲜艳斑斓、体态优美，后翅也拖有长长的飘带。再如缨翅蛾，体形细瘦似蝶，翅大并布有花纹，边缘有红色小点。特别

蝴蝶与蛾

是微风吹拂时，它的后翅飘舞，像长缨一样，很好看。所以，很多人也把奇异的蛾类，像蝴蝶一样视为珍品来收藏，或作为标本，或拍来彩照供欣赏。

蛾的种类很多，是个大家庭，品种是蝶类的9倍还多，仅中国就有7000多种，人们常见的有大袋蛾、黄刺蛾、夜蛾、豆天蛾等。如大袋蛾雄褐雌白，翅上没有花纹，就像一个灰袋子用丝吊在树上，吃东西时，才从袋子里探出头来，人们又称它为“吊死鬼”。黄刺蛾为黄色，幼虫全身有毛，人们俗称为它洋辣子或刺毛虫。当人的皮肤碰上它后，其毒刺刺入，皮肤会又红又痒又肿。豆天蛾为黄褐色，前翅狭长有斜纹，幼虫为绿色，身上有很多皱褶，尾部有一个角突。夜蛾全身长着栗色带白条纹，翅膀上布满灰色或棕色斑点，一对前翅上有一对圆圆的大黑点，像一对大眼睛。黑点周围有黄色或蓝色斑点，背部突起，长有黑色刚毛。法国昆虫学家法布尔在《昆虫世界》中，对杏树夜蛾作了较详细的记叙。其中他对杏树夜蛾作了认真的观察、研究和试验，对它们的形态和生活习性等都有深入的描写，我们不妨一读，会让我们对蛾类有一个全面、科学的了解。

蛾类是农业和林业的害虫，它不仅食树叶、蛀树茎、咬树根，而且还危害种子、果实、粮食和木材等。蛾类可恶，我们应把它消灭干净。

螳臂当车为勇虫

——趣话螳螂

一提到螳螂，人们自然会联想到“螳臂当车，不自量力”的成语，和“螳螂捕蝉，黄雀在后”的历史典故。据《庄子》和《韩诗外传》载：有一次齐庄公出外打猎，见车轮前有一只螳螂怒气冲冲地伸出胳臂，妄图阻挡车轮的前进。齐庄公便问驾车人：“这是何虫，敢挡在朕车轮前?!”车夫回答说：“这是螳螂。这种虫只知道向前，而不知道后退。它真是不自量力。”齐庄公笑道:“这虫真是天下的勇虫啊!”当即让驾车人回车避之。所以,中国古代人们称螳螂为“勇虫”。

螳螂勇战大蟒蛇

蝗螂是“勇虫”,在我国清代著名文学家蒲松龄所著的《聊斋志异》中也记有“螳螂斗蛇”的故事。

螳螂为“勇虫”

故事是讲有一姓张的人,有一天正行走在山谷里,突然听到山崖上有一阵很响的声音。他登上去偷偷一看:呀!只见一条有碗口粗的大蟒蛇在树丛里胡乱颠扑摆动,并用尾巴乱打柳树,发出噼里啪啦的声音,把柳树枝都折断了。看那蛇在地上翻滚着很难受的样子,像是有东西在捉弄它。但是再看看,又没有发现什么东西,他心里十分疑惑。这个人又慢慢地靠近那蛇,再仔细一看,这才发现有一只螳螂紧紧爬在蛇的头顶上,正用它那斧头般的前足狠狠抓砍着,死死不放。不管蛇怎么摆动颠扑也弄不下来它。过了好半天,这条碗口粗的蛇竟被折腾的筋疲力尽而死。再看蛇头上的皮肉,已破裂开来,鲜血淋漓。

不管这个故事真假,但说明了螳螂确是一个勇者,竟然敢与比自己大数百倍的强敌搏斗,这种精神实在可嘉!后来,还有人把这个故事当作寓言,启迪人们,弱小者也可以战胜强敌。

据动物学家观察、研究发现,螳螂确实可以杀死老鼠、小鸟或蜥蜴等比自己大数倍的动物。它不仅力大,而且勇敢。

任何事物,不同的人都会有不同的看法。亦有人认为螳螂的勇气是不值得佩服的,是一种“知其不胜任而为之”的莽撞行为的勇敢,所以,又有了“螳臂当车,不自量力”这条成语。

不管怎么说，螳螂还是害虫的天敌，是人类的朋友。因为它两臂如刀斧，可捕杀蝗虫、蚂蚁、苍蝇、蚊子、蛾子、蝉等这些害虫为食物。所以，民间又称它为“杀虫”“拒斧”“斧虫”“斫郎”“斫斧”等。《七修类稿》云：“螳螂捕蝉而食，故又名杀虫，又曰斧虫，以前二足如斧也。”《说文·虫部》：“蜋，堂蜋也……一名斫父。”段玉裁注：“螳螂臂有斧能斫，故曰斫父。”郭璞云：“江东呼为石蜋。石即斫，今江东呼为斫郎。”又《吕氏春秋·仲夏》中高诱注曰：“兖州谓之拒斧也。”据观察，螳螂一生捕捉十几万只害虫，即使它刚孵化出的幼虫也具有捕捉害虫的本领。所以说，螳螂是益虫，尽管它的样子奇怪、可怕，我们也要善待它。

螳螂捕虫本领高

螳螂捕食害虫的本领非常高，平时它很少主动出击捕捉昆虫。它很会伪装，会打伏击战。它常借助其绿色的服装，伏在绿叶中一动不动，有时一整天都待在树枝上等着昆虫的到来。只有在它饿得不行时，才会主动出击，搜捕昆虫。它捕捉昆虫的动作很迅猛，当一只小虫飞来，刚到螳螂眼前，还没有弄清楚是怎么回事儿时，只见螳螂立起身，用前足猛地向昆虫狠狠一击，小虫立即便被活捉，此动作只需 0.05 秒。

螳螂是益虫

不知你们看过螳螂捕食蚂蚁或蝗虫的精彩画面没有？在法国著名昆虫学家法布尔所写的《昆虫世界》里，就生动地描述有螳螂捕食蝗虫的过程：

螳螂看到一只灰色的大蝗虫，忽然摆出可怕的姿势，张开翅膀，斜伸向两侧，后翅直立，形如帆船，身体的上端弯曲，像一条曲柄，并且发出像毒蛇喷气的声音；全身重量都放在后面四只足上，身体的前部完全竖起来，一动不动地站着，眼睛盯住了蝗虫。蝗虫稍稍移动，螳螂即转动它的头。这种举动的目的很明显，是要将恐惧心理植入牺牲者的心窝深处，在未攻击之前，就使它因恐惧而瘫软。果然，蝗虫丝毫不敢动地窥视着它。虽然蝗虫是昆虫世界中跳高跳远将军，这时候竟想不起逃走，只是傻愣愣地伏着，甚至莫名其妙地向前移动。螳螂到可以够得着的时候，就用两爪重击，两条锯子重重地压下来。这时候，蝗虫再抵抗也无用了，终于成了螳螂的猎物。

法布尔的这段极其生动的描述，真实地展演了螳螂捕捉害虫的一幕。

两臂高举形体怪

为什么螳螂能在一瞬间发现敌情，并能神速凶猛地把对方捕获呢？这与它奇特的形体有关。螳螂的形体很特殊，首先是它那小三角形的头上长有两个大复眼。每个复眼由上百个晶体状单眼组成，而且巨大外凸，凡是眼前活动的物体只需 0.01 秒就可尽收眼底。它的头上还长有两只触须，像是两只天线。另外它的颈也特别细长，顶着一个可以 180 度旋转的头，而且颈部还有一个感受器，可以从四面八方观察敌情。这正像一个高倍观察仪，当前面有敌情时，它可以立即把对方的形状、大小、强弱、飞行速度等情况报告给大脑指挥部，大脑再立

螳螂两臂高举

即发出各种不同的捕捉敌人的命令。这些是任何昆虫也难以比拟的。更特别的是螳螂的前胸也特长，几乎占了整个躯体长度的一半。它的前胸有一对带有锯齿像镰刀和斧头一样的前足，威风凛凛地高高举起，昂首前行，首先给对方以震慑和害怕。它这对前足是螳螂捕捉害虫的锐利武器。它的腰和腿的关节很灵活，可以多角度转动，所以它的行动很迅速、灵活、机动，成为一个地地道道的捕虫能手。

螳螂是螳螂目昆虫的通称，是一个大家族，全世界有2000多种，我国有100多种，其中较为常见的是中华大刀螂，也叫大刀螳螂。另外还有一种广腹螳螂，又叫"刀螂"或"当螂"。又因其昂首颈长，其行如马奔，很像马，故又称"天马"。宋代罗愿《尔雅翼·释虫》云："(螳螂)世谓之天马。盖驤首奋臂，颈长而身轻，其行如飞，有马之象。"它们常栖息于杂草和树木上，喜阴怕热，一般在早晚活动。捕食害虫期长达4~6个月。

螳螂繁殖的过程也很特别，每年的7~8月是其羽化盛期，约15天后开始交尾。交尾后10~30天开始产卵。雌螳螂是个有名的"胭脂虎"，当雌雄螳螂交尾结束后，雌螳螂为了营养自己，未来能生个健康的宝宝，它会残忍狠心地把自己的丈夫吃掉，最后仅剩下一堆残渣。

螳螂生育也颇怪，它先找一个能避风挡雨之处产卵。产卵前，它腹部末端的产卵管中会分泌出一种黏稠的液体。在分泌液体时，它一面用尾端的两个瓣膜一张一闭地搅动液体，再打入空气，使液体成为泡沫状，然后才开始产卵。它每产一个卵子，就盖上一层泡沫。这些卵成堆状集在一起。卵堆外的泡沫不久就凝结成一个硬壳包着，称为卵鞘，以保护卵子在里面孵化。卵鞘被中医称为"桑螵蛸"，是传统的中药，可以用来治病。在卵鞘的保护下，卵子过冬后到次年5月中旬才开始孵化，若虫出鞘。

小螳螂出世后，除身上没有翅膀以外，其形酷似它的父母。小螳螂很乖，主要以蚜虫为食，后再经过七八次蜕皮，才羽化为螳螂，完全像它父母一样。

螳螂的外形虽然奇特，但它身披绿色的礼服，看上去端庄优雅。

尤其是它那一对高高举起的如镰似刀的前足，像是一个威风凛凛的大勇士、大将军。也有人认为它那一对前足像是在祈祷的模样，又称它为“祈祷者”。根据它的形态，它还有一个高雅的德语名称“虔诚的信女”。

另据民间所传，把捉来的螳螂，放在疣子上，让其食之，还可以治人体上的疣子，故又称“蚀肬”。明代李时珍《本草纲目》中云：“燕赵之间谓之蚀肬。肬即疣子，小肉赘也。今人病肬者，往往捕此食之，其来有自矣。”由此看来，一个小小的虫子，竟有这么多、这么大的作用。

善于织网的能手

——趣话蜘蛛

足细肚大处处有

在房檐墙角，树上地下，草地田野……人们都会常见一种长相十分丑陋的八脚小动物——蜘蛛，不停地在它所织的丝网上爬来爬去，吮食着它所网住的猎物，很有趣。

蜘蛛的生活适应能力很强，人们处处都可以见到形形色色的蜘蛛。蜘蛛的种类很多，世界上有3500多种，我国有近千种。宋代著名文学家王安石《字说》中云：“设一面之网，物触而后诛之。知乎诛义者，故曰蜘蛛。”苏颂《本草图经》亦云：“蜘蛛处处有之，其类极多。”此外，古代蜘蛛还有蚍蜉（音拙谋）、蝺蝓等别称。我国蜘蛛分为土蛛、草蛛、蟏蛸、长畸等类。

蜘蛛形体丑陋难看，有四对细长的足，身体长满黑毛，后拖一个像葫芦一样的大肚子。蜘蛛最大的本领是善于织网。因为它那一个大肚子就是一个奇特的纺织机，里面藏有六个喷丝头，每个喷丝头上都有一个由1000多个筛孔组成的筛板。织网时，从它体内的筛孔中拉出的纤维蛋白，一遇到空气就氧化成具有韧性的透明细

丝。这些细丝虽然仅有一根头发的十分之一粗细，可是它是由1000多根纤维合成的。蜘蛛还可根据不同的情况需要，织出不同性质的网来。如所织的黏丝网是用来诱捕食物的，所织的干丝网是用来搭建住房、养育子女的。

聪明智慧本领强

当人们看到在两棵树或墙角间的蜘蛛网时，就自然会产生疑问：蜘蛛没有翅膀，又不会飞，怎么会在两树之间的空中架起一张网呢？

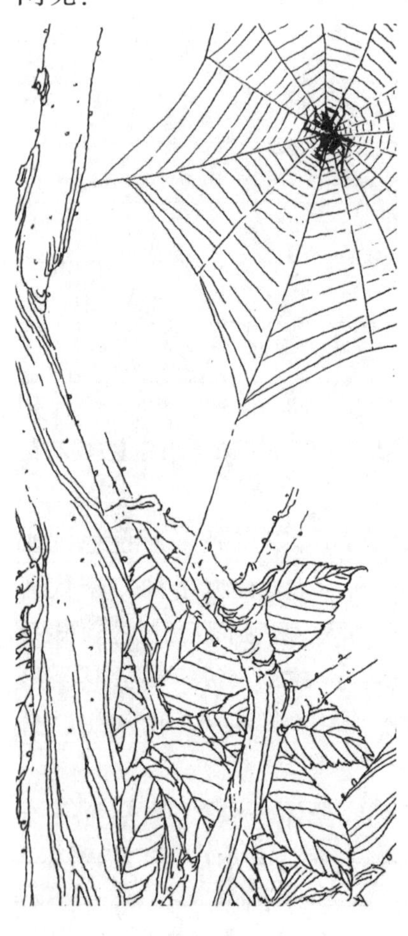

蜘蛛结网

这是蜘蛛的特殊本领。别看这只小小昆虫，它很有办法。其中一种织网的方法是，先把丝的一端固定在某一点上，再一边吐丝一边吊垂到地面上，爬到对面的墙角或树枝上，等爬到目的地后就用脚把网收起来，收到长短合适时，就把丝固定起来，然后再来来回回吐几根丝合起来，就成了一条粗线缆。再把这根粗线缆作为支撑主线，来回拉出众多圆的半径线。拉完半径线后，就从中心向外盘旋开始织网。这些主线和半径线均为干丝。接着它再从外圈喷出黏丝织出越来越密的车轮状的圆网。蜘蛛在织网时，如果在距地面很高处，蜘蛛不可能通过地面爬到对面，蜘蛛先用吐出的丝吊起来，顺风飘荡。当它随风飘到对面树枝或墙上时，就固定下来，拉起一根作为织网的支撑主线，然后再通过这根主线来织网。你看蜘蛛是个多么有智慧，多么聪明的小生灵啊！

蜘蛛织网时还有一个秘密。当蜘蛛把网织到中心处时，专门空出一块地方作为“军中帐”。蜘蛛就坐在“军中帐”中等待“飞来将”飞入陷阱。这张网就像古代战场上的八卦阵，任何“飞来将”闯上就别想再逃掉。平时蜘蛛坐在帐中，把那带有振动器的八只脚轻轻搭在中心半径线上休息。当“飞来将”落网时，就开始拼命挣扎，但当它稍一挣扎，就会引起整个蛛网的振动。蜘蛛感知后，就紧紧拽住半径线，直奔入网的“飞来将”，先用口咬住，再注入毒汁，用黏丝把它捆绑起来，蜘蛛又到一边静候。任凭这些入网者怎么挣扎，也再难脱身。待它筋疲力尽后，蜘蛛才爬过去。那些被捆绑的“飞来将”在蜘蛛的毒液作用下，其内脏渐渐地液化。

蜘蛛没有牙齿，只有吸吮口器和一个可以收缩、扩大的胃，叫吸吮胃。此时蜘蛛便用吸吮器美美地开始吸吮起来，直到把“飞来将”吸得只剩下一个空壳。更有趣的是，蜘蛛所织的圆网的半径线的夹角均相等，好像经过测量一样。蜘蛛的这种织网才能真是不可思议，让人敬佩。

蜘蛛结网

还有人会问：蜘蛛用有黏性的网，可以黏住害虫，那么它为什么不会黏住自己呢？原来，蜘蛛知道哪里是干丝，哪里是黏丝。它平时主要在干丝上行走。当需要到黏丝上时，它会在八只脚上分泌出一种奇妙的润滑剂，这样走在黏丝上就会畅行无阻了。你看蜘蛛多么有智慧。

蜘蛛不像蜜蜂那样过的是和谐相处的大家庭集体生活。蜘蛛有一个怪习性，就是性情残暴，同类互残。甚至雌蛛对它的丈夫也不放过，非常苛刻狠毒。当雄蛛与雌蛛交尾后，雌蛛便立即把筋疲力尽的雄蛛当作营养品吃掉。蜘蛛的残忍性还遗传给后代，即便是刚刚出生不久的小蜘蛛，虽然是同母所生，生活在一个家庭里，为了争抢食物也会大动干戈，互相残杀，并用对方来充饥，全然不讲兄弟手足之情。

蜘蛛有毒治蛇蝎

蜘蛛是一种有毒的昆虫。唐代文人元稹在《长庆集》中云："巴中蜘蛛大而毒……不急救之，毒及心能死人者。"《本草纲目》李时珍注曰："蜘蛛啮人甚毒，往往见于典籍。按刘禹锡《传信方》云：有人被蜘蛛咬，腹大如孕妇。"有些蜘蛛确实有毒，并且毒性很大，但是大多数蜘蛛没有毒或毒性很小。

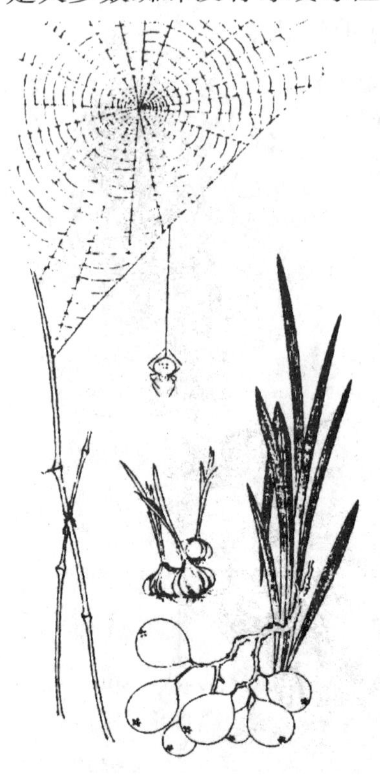
蜘蛛为五毒之一

人们多认为蜘蛛有毒。所以，民间把蜘蛛列入五毒（蛇、蝎、蜈蚣、蟾蜍、蜘蛛）之一。再加上它长相丑陋难看，习性怪异，人们多讨厌之。在很多童话、寓言和传说故事或古典小说中，它一直扮演着坏蛋的角色。如在吴承恩的《西游记》七十二回"盘丝洞七情迷本，濯垢泉八戒忘形"中，就写有七只蜘蛛精为吃唐僧肉捆吊起唐僧。但见那变为美女的七只蜘蛛精"解了上身罗衫，露出肚腹，各显神通：一个个腰眼中冒出丝绳，有鸭蛋粗细，骨都都的，迸玉飞银……"

其实，在自然界中，蜘蛛是一种益虫，是害虫的天敌，是人类的朋友。它所织的网像一只天网，可以网住大量苍蝇、蚊子等。但有时也会误网一些有益的昆虫，如蜻蜓、蜜蜂等。

民间还认为蜘蛛有辟邪作用，把它作为吉祥物。所以，在五月端午时，大人们多给小孩绣有五毒的兜肚。传说，蜘蛛制蛇、蝎、蜈蚣等，让小孩穿绣有蜘蛛的兜肚或衣服，可以防止小孩不被毒虫咬着，能健康成长。这虽是传说，但蜘蛛确实可入药，用来治疗蛇毒，治蝎、蜈蚣等蜇伤等。沈括的《梦溪笔谈》中即云：“今蛛又能治蜂、蝎螫。”李时珍《本草纲目》云：“蜘蛛能制蛇，故治蛇毒。”《鹤林玉露》中亦云：“蜘蛛能制蜈蚣，以溺射之，节节断烂。”据古代医书载，蜘蛛还可治狐臭、疮肿、脱肛、霍乱等病。可见，蜘蛛是一种中药，可以帮助人们治病。

此外，蜘蛛还有预报天气的功能。蜘蛛在下雨天气潮湿时，就很少出来织网；当天气好转晴朗时，蜘蛛就会忙着织网捉虫。根据蜘蛛的这一特征，人们可以用来预报天气。

春出冬蛰节有足

——趣话蜈蚣

民间有俗语说：“百足之虫，死而不僵。”因为蜈蚣多足，有的地方习惯把蜈蚣称为百足虫。其实，这是一种错误认识。蜈蚣确实足多，但大多数并没有一百只足。如常见的少棘蜈蚣，分 21 节，每节有足一对。所谓的“百足虫”应是一种外形与蜈蚣相似、足比蜈蚣更多的马陆虫，还有“千足虫”“千只脚”之称。

天龙体长多喜阴

蜈蚣又称天龙、卿蛆、蒺藜等。蜈蚣的种类很多，全世界约有 3000 种，我国有 50 余种。我们常见的有每只前足上棘少的少棘蜈蚣和棘多的多棘蜈蚣。蜈蚣背黑绿色，足赤腹黄，身体外形长而纤细，背腹扁平，分头部和躯干部。头部有一对复式集合眼，每一复式集合眼又有若干单眼。头部腹面有口器，为摄食的器官。头部还有一对触角，一对大颚和两对小颚。其头部是蜈蚣的感觉器官和摄食器官的中心。其躯干有多个肢节，每个肢节有一对附肢，称为足，是用来运动爬行的。蜈蚣的第一对足为发达的颚足，尾端有一对强有力的钳爪。钳爪内有毒腺，在蜇人和饮食时会释放出毒液，用来麻

蜈 蚣

醉和液化猎物。

蜈蚣的全身体表还披有一层几丁质的外壳，即外骨骼，分为背部的背板和腹部的腹板。背板和腹板靠身体两侧的膜状的薄板相连接。其硬质的外壳不仅有保护内脏器官和防止体内水分蒸发的功能，而且还能和附着的肌肉一起完成各种动作。

蜈蚣在生长过程中，外壳一旦形成就不能再继续生长。因此，蜈蚣为了长大，便在生长过程中不断进行蜕皮，蜕一次皮，成长一步。

蜈蚣喜阴，昼伏夜出，多躲藏在山坡、路旁、田野杂草丛生、石砾堆积的地方，在猪圈、鸡舍和石头下面也可以常见。蜈蚣喜欢群居，经常一家和睦相处，相互礼让，也很少发生斗殴和相互残杀的现象。但是蜈蚣胆小怕受惊扰，一旦受到惊扰，就会一反常态，或不吃不喝，或蜷缩不动，或舍窝逃命，甚至吃掉自己产下的卵。

蜈蚣凶猛且有毒

蜈蚣为凶猛的食肉性动物，主要以蚯蚓、蟋蟀、金龟子等小昆虫为食，但食物紧张时，也会吃比自己身体大几倍的小青蛙、壁虎等动物。蜈蚣的视觉不太灵敏，主要靠触觉来感知猎物。当触角一旦碰到猎物，便会凶猛地扑上去，立即用前面的一对钳子钳住猎物，并注入毒液。待猎物中毒昏迷过去，其体内的内脏和肌肉就被毒液液化，蜈蚣便咬破猎物的表皮把口器插入尽情吸吮，吸吮完的猎物只剩下一个空壳。蜈蚣食量较大，但进食速度很慢。蜈蚣很耐饥，一般吃食一次可以管好几天，有时一个月不吃东西也不会饿死。

蜈蚣是变温动物，有冬眠和夏眠的习性。冬眠和夏眠时 1 ~ 3 个月不吃不喝也没关系。

蜈蚣还有一种爱清洁的舔舐习惯。它常用小颚上的绒毛和口中吐出的唾液来舔舐触角和足，用以清除身上的细菌和真菌。更有趣的是，在它们产下卵后，雌蜈蚣还会像母亲抱婴儿一样抱着卵来舔舐，为的是保证卵的清洁，不受细菌的侵害，使后代能更加健康。

由于蜈蚣体内有毒，它还是我国具有几千年历史的传统中药材。蜈蚣具有祛风镇惊、抗癌解毒、通络活经、散结止痛的功效。据现代医药学分析研究，蜈蚣毒液中含有溶血蛋白质、酪氨酸、亮氨酸、赖氨酸及组织胺等多种有效物质，临床上用来治疗口眼㖞斜、小儿惊风、破伤风、抽搐、恶疮、便毒痔漏等诸多病症，并颇有奇效。但把蜈蚣作为中药材使用时，一定要把蜈蚣与千足虫（即马陆）区别开来。李时珍《本草纲目》中云："敩曰：'凡使勿用千足虫，真相似，只是（千足虫）头上有白肉，面并嘴尖。若误用，腥臭气入顶，能致死也。'"

五毒之一专制蛇

民间旧时还认为蜈蚣为五毒之一，可专制毒蛇。别看它形体小，它可以制服大它上千万倍的大蛇。主要是蜈蚣先爬上蛇头，注入毒液，然后吸其脑。《证类本草》引《淮南子》记云："蜈蚣……其性能制蛇。忽见大蛇，便缘而啖其脑。"但蜈蚣又怕鸡屎、蜘蛛、桑皮、白盐、蛞蝓等。李时珍《本草纲目》中记有："蜈蚣西南处处有之，春出冬蛰，节节有足，双须歧尾，性畏蜘蛛，以溺射之，即断烂也。"相传，雄鸡喜食蜈蚣，民间曾有一传说故事：昆山山中有蛇精和蜈蚣精，经常危害人们，人们深受其害。这条大蛇，数丈长，经常吞食山上放牧的牛羊，有时也吞食游人，人们十分害怕。山洞里有一蜈蚣，已有千年，常与蛇争食牛、羊和人。一天，蜈蚣精乘大蛇熟睡之时，爬上它的脑袋，吸干了蛇的脑汁。蜈蚣独霸昆山，更加猖獗，加倍危害人们。一老者家中养有一只10年的大花雄鸡。有一天，蜈蚣精又来危害百姓，这只雄鸡上去就啄住了蜈蚣，几下就把它啄死吞下，结果这只大雄鸡也中毒身亡。后来人们为感谢这只大雄鸡，就改昆山为公鸡山。故李时珍曰："蜈蚣能制龙、蛇、蜥蜴，而畏蛤蟆、蛞蝓、蜘蛛，亦庄子所谓物畏其天，阴符经所谓禽之制在气也。"所以，我们万一不小心被蜈蚣蜇伤后，赶紧用公鸡唾液、蚯蚓体腔液、鸡蛋清或苏打水涂抹伤口，即可减轻症状。如果蜇伤严重，出现头晕、发热、恶心、呕吐等症状，要立即去医院治疗。

近年来，由于蜈蚣的用途越来越多，仅靠捉野蜈蚣已远远不够，现在很多地方兴起了科学养蜈蚣，并把这发展成为产业，帮助很多人走上致富之路。

毒如蛇蝎令人惧

——趣话蝎子

人们常形容某人阴险歹毒为“毒如蛇蝎”，把蝎子与毒蛇并列，可见蝎子的毒性较大。

蝎子为什么有毒呢？原来蝎子的尾巴上有毒刺，毒刺内有毒腺，从毒腺中会分泌出大量的毒素。如果有人一不小心被蝎子蜇了，轻者局部会红肿，像火烧一样疼痛；重者会出现焦躁不安，泪流不断，视力模糊，血压急剧上升或下降，体温忽冷忽热，呼吸急促，出现生理反应失常等症状，如果不及时治疗，最后会因为呼吸衰弱而死亡，可见其毒性之大。所以人们害怕蝎子像害怕毒蛇一样。

蝎子别称主簿虫

蝎子为节肢动物门蛛形纲蝎目幼物的统称，其种类较多，全世界有 600 余种，中国仅有 10 多种。蝎子又别称虿尾虫、杜伯、主簿虫等。

有位主簿把蝎子不小心带到了江南

蝎子为什么被称为具有官位的主簿虫呢？这里还有个典故。

据唐人段成式的《酉阳杂俎》载：江南过去本来没有蝎子这种毒虫，唐代开元年初，有位主簿到江南，用竹筒装蝎子过江，不小心蝎子爬出竹筒，从此江南也有了蝎子，故俗称其为主簿虫。张揖的《广雅》亦云："杜伯，蝎也。"陆玑《陆氏诗疏广要》云："虿一名杜伯，幽州人谓之蝎。"明李时珍《本草纲目·虫二·蝎》："许慎云：蝎，虿尾虫也，长尾为虿，短尾为蝎。"

蝎子的长相形态也十分奇特。它体长5～6厘米，整个身体分为躯干和尾部，酷似一把琵琶琴。躯干前有一对粗大强壮的似钳状的钳肢，看上去十分威风吓人。其钳肢是用来捕捉食物和防身用的，其余的3对足为爬行用。其全身有一层外骨骼硬皮，体背为黑褐色，腹部为浅黄色。最特别的是它有一个节状长尾，尾部末端有锐利的毒针是用来刺人的。毒针里有毒腺，当它用毒针刺入人体时，毒腺里会分泌出毒素，让人中毒。尾钩也是蝎子防身和御敌的重要武器。李时珍在《本草纲目》中亦记有："蝎形如水黾，八足而长尾，有节色青。"又云："陈州古仓有蝎，形如钱，螫人必死。"蝎子的尾钩刺入人体后，就会留在人体内。蝎子蜇人后也会死去。

蝎子为五毒之一(剪纸)

有趣的生活习性

蝎子的生活习性也十分有趣。蝎子喜欢昼伏夜出。它白天多藏身在阴暗的石头下或石头缝隙中、落叶中、沙子里休息，只有到了夜里才出来活动，捕捉食物。由于它长期生活在黑暗之中，视力很弱，捕食能力差，只能捕食如蜘蛛、蚯蚓、蝗螂等这些行动不太灵活的小动物。但这些小动物往往难以填饱它的肚子，使它常处于饥饿状态。这使它养成了耐饥的能力，有时蝎子吃一次可以维持十多天，平时两个月不吃东西也不会饿死。蝎子口小，没有牙齿，捕食时先用螯钳捉住食物，然后再从口中对猎物注入含有消化酶的涎液，通过这些消化酶先把猎物的内脏和肌肉化为液体，再用口中的吸吮器一口一口地吸入，并且用螯钳把猎物尸体撕碎吞下。所以，凡经蝎子吃过的猎物一点残渣也不剩。蝎子还有一个特性是喜欢集体生活，一家男女老少，常常群居在窝内和谐相处。即使因为生活环境恶化，蝎子迁移别处时，一家人也从来不分散。

更有趣的是蝎子繁殖时，先由雄蝎找到对象，再把找的雌蝎领回家中交配。交配前，雄蝎子会用它的钳肢夹住雌蝎子，然后侧着身体像螃蟹走路一样，由一个方向转向另一个方向，或者前前后后不停地移动，就好像在跳交谊舞似的。这种行动为的是诱导雌蝎与它交配，真是费尽心机。蝎子交配多是“一夜情”，在一起仅仅过一夜夫妻生活。交配后，雌蝎子就把雄蝎子当作食物吃掉，以营养自己和腹内的胎儿。

蝎子为卵胎生，不是卵生。雌蝎子一次只产一胎或两胎。通常母蝎怀胎期为 10 个月，每胎可产 20 ~ 40 个子女。这些刚生下来的子女有米粒大小，都爬在母蝎的脊背上，并且头一律朝外，相互贴靠在一起，排成一圈，非常整齐。猛一看，好像母蝎的背上裂开了一条缝子。此时，母蝎也像死了一样一动不动。所以，有人认为小蝎子是从母蝎子背上裂开的缝里爬出来的。这是一种错误的认识。唐人段成式《酉阳杂俎》中记云：“蝎子多负于背，子色犹白，才如稻粒。”这些爬在母蝎背上的小蝎子几天后经过一次蜕皮才能独立生活。小蝎子 3 年要经过 6 次蜕皮才能成为大蝎子。蝎子寿命一般为 7 ~ 8 年。

名贵中药和佳肴

蝎子是我国传统的名贵中药材，在古代医学典籍中都记载有用全蝎治病的妙方。宋朝《开宝本草》和明代李时珍《本草纲目》中都有记载，用全蝎主治癫痫、半身不遂、口眼歪斜、肠风下血、耳聋疝气、小儿惊风、破伤风、疮疔肿毒等。目前，中成药中以全蝎配方已达 100 多种，制成的中成药达 60 多种，如大活络丸、再造丸等。随着我国医药学的科学发展，蝎子的药用价值会更大更广泛。

据目前医药科学分析、研究表明：蝎毒主要由蛋白质和非蛋白质组成，其中主要有毒成分为神经毒素、出血毒素、凝血毒素及某些酶等。蝎毒对癫痫和三叉神经痛的治疗有特效，将成为治疗神经系统疾病的一种新药。

近年来，随着人们的生活水平的提高和饮食文化的普及，蝎子还成了人们餐桌上的特色名贵菜。原来，蝎子不仅营养丰富，还有食疗作用，是一种高级保健美味佳肴。蝎子用油烹炸后清香酥脆，风味独特；用蝎子炖汤，清香爽口，奇妙无比。另外，用蝎子炮制的药酒还具有解热散结、镇痉通络、止痛祛风的奇效。

由于临床上蝎子用药量的不断增加，人们吃食蝎子的兴起，仅靠捕捉野生蝎子供应量远远不够。因此，人工养蝎近年来兴旺起来，还成为一种致富的产业。

蝎子有毒，当你被蝎子蜇后不必惊慌，先用冷肥皂水或者是5%的小苏打水，5%的氨水冲洗伤口，有缓解疼痛的作用，然后在伤口处贴半边莲，可以帮助尽快消除疼痛。如果中毒症状严重，应及时送到医院处理治疗。

蝗虫原是空飞物

——趣话蝗虫

米芾趣诗讽县尉

民间曾传有一则具有喜剧性、讽刺意味的趣闻：宋代著名书法家米元章（1051～1107年），即米芾，任雍丘（古地名，今河南杞县）县令的时候，刚巧碰上大旱和蝗灾。蝗虫群飞，铺天盖地，凡地上的绿色植物都被它们啃光。蝗灾很快蔓延到邻县。相邻的一个县尉，责令乡间小吏去捕除。乡间小吏回禀说："这些蝗虫是邻县驱逐过来的。"县尉立即上奏。上面也不调查，遂签发公文给米芾："大家应守土有责，切勿以邻为壑，为害别处。"

米芾收到公文后，感到十分可笑，便立即取来笔墨，在公文后面写下打油诗一首：

蝗虫原是空飞物，天遣来为百姓灾。
本县若还驱得去，贵司却请打回来。

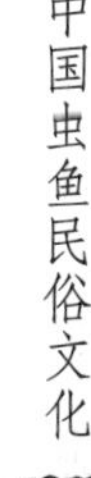

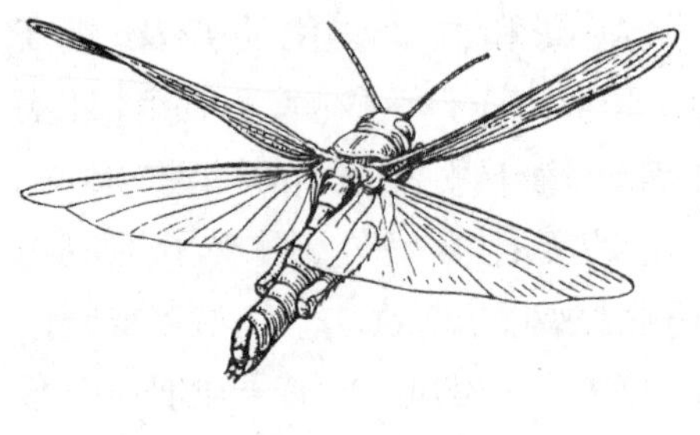

飞行的蝗虫

此诗被传出后，人们无不称赞这首打油诗写得好，写得妙。本来蝗虫危害庄稼，祸及百姓，作为县尉应计谋安排如何防治。可是作为县令却推卸责任，上报说是邻县把蝗虫驱赶来的。米芾接到公文后，别出心裁地写了这首幽默俏皮的打油诗，来讽刺说：蝗虫本来是在空中飞来飞去的害虫，是老天派遣来祸害百姓的。本县若是能把蝗虫驱赶过去，那么你们也可以把蝗虫再赶回来。这一则富有绝妙讽刺意味的趣闻，惟妙惟肖地刻画了封建社会的衙门不负责任、相互推诿的办事作风。

危害农业的大敌

蝗虫具有群集迁飞性，危害极大，触目惊心，所以古人又称其为“横虫”。宋代程大昌《演繁露·蝗》曰：“江南无蝗，其有蝗者，皆是北飞来……最为农害。俗呼为横虫。”“横虫”这个名字，有蛮不讲理、横行霸道的意思。的确，蝗灾时，蝗虫会横行乱飞，铺天盖地，从天而降，片刻间大地上庄稼，甚至青草、树叶都会被吃光。据传，当某地出现大量蝗虫时，一些性成熟的蝗虫先在空中盘旋飞来飞去，并发出一种声音。这种声音很有号召力，当别的蝗虫听到这种声音后，也立即飞向空中集合，像发疯似的向某个方向飞去。更奇特的是，地面上不会飞行的蝗蝻（蝗虫的幼虫）听到这种声音也会朝着飞蝗飞的方向爬去，尽管前面有河流、山沟，也难以阻挡它们前进的脚步。渐渐蝗虫越集越多，多则可达到上百亿上千亿只。它们遮天蔽日，上下翻飞爬行，铺天盖地，不管是空中、地上、河流、小溪，还是墙垣、房上等，无处不有，让人无法出门。

蝗虫的迁飞能力也非常强，它们可以连续迁飞 1～3 天，飞行速度每小时可达 6～12 千米，并且可在 1000～1500 米的高空飞行，故古人又称其为飞蝗、飞蛩等。《淮南子·本经训》云：“飞蛩满野。”高诱注曰：“蛩……一曰蝗也。”

因为蝗虫的整个躯体像镶有一层坚硬的几丁质外壳，不怕风吹日晒，能适应各种外界环境，甚至非洲的蝗虫可以飞越浩瀚的大西洋到另外一个地区。因而，蝗灾是危害人类的三大灾害旱灾、水灾、虫灾之一。

蝗灾遍及全世界。据记载，某年红海上空曾飞过一群蝗虫，估计有2500亿只，把太阳都遮住了，一时天空呈现出可怕的阴暗景象。它们爬在陆地上，火车的轨道都会被堵塞，火车无法通行。

另据史料记载，在今天河北黄骅一带，某年蝗灾，蝗虫不仅吃光了地上的庄稼、芦苇、青草，又像洪水一般涌向村庄，连窗户纸都吃光，甚至还把婴儿的耳朵咬破，真是惊心动魄，可怕极了。电影《一九四二》反映的是1942年河南发生旱灾蝗灾，赤地千里，寸草不留。人们背井离乡，外出逃荒，沿路饿殍遍野，凄惨景象让人目不忍睹。还如1929年，沪宁线上的下蜀镇发生蝗灾，蝗蝻掩盖了铁路，火车轨道被堵塞。我国现代著名作家魏子云先生所写的散文《蝗虫》一文，真实地记叙了他小时候目睹过的家乡所遭遇到的一次蝗灾情景：我十来岁，也许七八岁，刚收完麦子不久，田里的秋庄稼，像黄豆以及高粱等禾苗，正在开花结实的时候，蝗虫漫天弥地地打西北飞来了……飞来的时候，遮天蔽日，呜呜地响，像刮着大风。它们要是在谁家的田里，不要一袋烟的工夫，就会把禾苗啃吃得光秃秃的。还记有："大家都向天空看，天空一片碧蓝，万里无一丝云翳……不久，有人喊：'看哪！来了！'大家向西北一看，天边浮现了滚起的黄尘似的一抹，越来越大，细听一下，那声音就是从那里发出的。待一会儿，阳光暗淡下来了，蓝天变灰黄了，太阳不见了，嗡嗡之声在耳鼓上轻敲着。偶然有小队的蝗虫飞飘下来，神案前的跪祷者增多了。可是不久，天空上便一小队又一小队地落下，越来越多，不到半个小时，田里完全是蝗虫了。于是，空中的嗡嗡声渐渐消失，继之而起的是田野中的沙沙声，那是蝗虫们在磨嚼田禾的声音。日头尚未过午，田野中的绿色便由浓而淡，几乎是所有田野中的绿色禾苗，大半都失去了叶，只余下了枝梗。在天空中飞行的蝗虫，还在继续落着。有人愤怒了，用脚踩，用手捉，这都等于以蠡舀海。读了这些文字，真让人惊心动魄，难以相信。蝗灾的确是触目惊心的。

蝗虫形态很独特

蝗灾为什么厉害呢？这与蝗虫的生理特征、形态独特有关。蝗虫又称蚱蜢、负攀、皇螽，俗称蚂蚱，全世界有9000多种，我国已知有400多种，诸如稻蝗、棉蝗、飞蝗等。李时珍《本草纲目》云："此有数种，皇螽总名也。江东呼为蚱蜢，谓其瘦长善跳，窄而猛也。"又云："蛗螽，在草上者曰草螽，在土中者曰土螽，似草螽而大者曰螽斯，似螽斯而细长者曰蟿螽……数种皆类蝗，而大小不一。长角，修股善跳，有青、黑、斑数色，亦能害稼。五月动股作声，至冬入土穴中。"

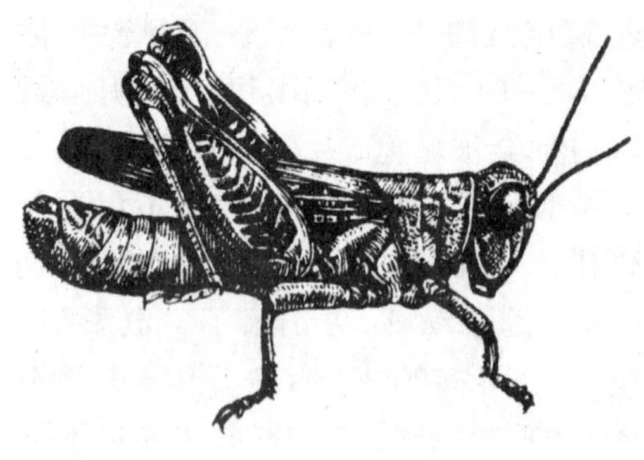

蝗　虫

在这些蝗虫中，危害农业最严重的是飞蝗。飞蝗的身体呈黄褐色，长3～4厘米，分头、胸、腹三部分。头部有一对复眼和三只单眼，长有一对多节长鞭状的触角，下面长有一个坚硬的咀嚼式口器，用它能快速咬碎各种农作物。

蝗虫可以说是嗜咬成性，它不但可以咬碎农作物，甚至连书籍、衣物、糊墙纸等都能咬得支离破碎。

蝗虫的腹部是主要部位，共分三节，每个胸节各生有一对足，前两节的足较细小，后节所生的后腿粗壮有力，胫节长，善于跳跃。它第一腹节两侧生有两个耳朵，呈半月形，鼓膜发达，膜上有一个相当于共鸣器的气囊。当它飞行时，耳朵完全暴露出来，所以它的听觉特别灵敏。在蝗虫的中、后胸节各生有一对翅膀，矫健有力，很善于飞行。

它的腹部是代谢和繁殖的中心，内有各种器官。其末端几节为外生殖器。飞蝗性生殖器成熟后，开始交尾。此后，雌虫的腹部开始膨胀伸长，用尾端产卵管插入土中产卵。卵为长圆形，一次可产卵40多粒。外用黏液形成的卵块，经3～4周开始孵化为若虫。

飞蝗的若虫称蝗蝻，和成虫形态相似，也主要以庄稼为食，但不能飞翔。蝗蝻再经过4~5次蜕皮,才羽化成虫,加入蝗虫的队伍。飞蝗的寿命有2~3个月,每年发生2~4次,分为夏蝗和秋蝗。

蝗虫也很狡猾,很善逃,当你逮住它,捉住它两只长腿,它会猛地一弹挺起,就会从你手中挣脱出去,你手中就只会留下两只蝗虫腿。有些地方捉住蝗虫还作食用,或炸或炒。

飞蝗繁殖很快,来势凶猛,涉及面广,致灾严重。而稻蝗和棉蝗在较小地域活动,致灾程度较轻。但是不管哪种蝗虫都是庄稼的大敌,生态环境的杀手,都不可掉以轻心。

古时,民间老百姓认为蝗灾是老天爷对人类的惩罚,所以,当蝗灾发生时,就在香案前跪拜、祈祷、烧香磕头,祈求上天不要让蝗虫危害他们。这是一种迷信,是无济于事的。一般蝗灾与旱灾相联系,加上蝗虫的集群迁飞性和繁殖得快,会让农作物灾上加灾。大凡蝗灾后,可以说是颗粒无收,所以大旱之年更要注意蝗灾。

新中国成立以来,我国对治蝗减灾工作非常重视,结合农田基本建设,逐步走出了一条改治并举、根治蝗患的成功之路,基本消除和控制了蝗灾,取得了举世瞩目的巨大成就。

形秽乘时先逐臭

——趣话苍蝇

可厌可恶的苍蝇

苍蝇是一种十分令人讨厌的虫子,整天"嗡嗡"地飞来飞去。当你正吃饭时,它在饭菜桌上盘旋飞舞,挥之不去;当你正在打鼾熟睡时,它趴在你的鼻子尖上或眉头上搓足乱舔,打扰你的休息;当你劳动后一身汗水时,它又绕着你乱叫个不停,让人心烦。难怪我国宋代著名文学家欧阳修专门写了一篇《憎苍蝇赋》的檄文,声讨苍蝇的三大罪状:一是夏日神昏,正欲高枕,苍蝇或集眉端,或沿眼眶,目欲瞑而复警,臂已痹而犹攘;二是与嘉宾筵设席,聊娱余闲之际,

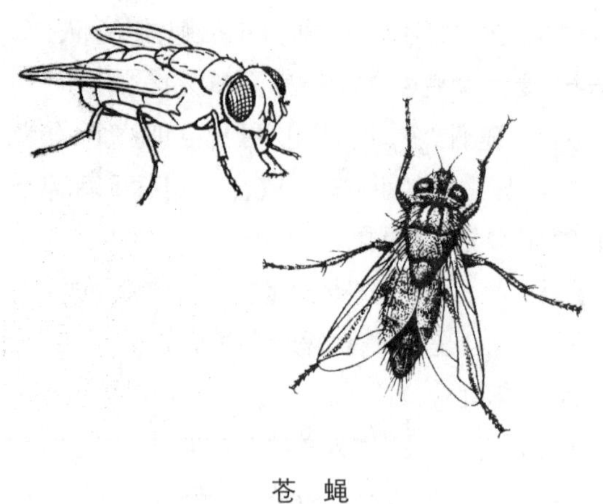
苍　蝇

苍蝇或集器皿，或投热羹，使人挥手顿足，改容失色；三是浸渍食物，酱糟之品，稍有间隙，稍怠防严，苍蝇便乘虚而入，遗其种类，莫不养息，蕃滋淋漓，致使亲朋卒至，因之而得罪。因此，欧阳修先生总结苍蝇是“在物也虽微，其为害也至要”，对苍蝇深恶痛绝，憎恨之极。清代诗人张问陶为痛斥苍蝇，亦写有一首《六月咏蝇》诗。诗云：

形秽心偏巧，端居见物情。
乘时先逐臭，就热亦飞声。
骥尾身能附，蚊雷势竟成。
炎威何可恃，怜汝太营营。

诗写六月的夏日，沾满污物的苍蝇飞来飞去，它身上肮脏，闻到哪里有臭味就飞到哪里，把自己的身体依附上去，声音像蚊子集聚如雷，形成了一股势力。可是炎夏终将过去，你还有什么可依恃的呢？你这“营营”叫的可恨苍蝇！因为苍蝇可恨、可厌、可恶，诗人便以苍蝇为喻体，把那些逐利小人比为苍蝇。诗人写苍蝇实则是讽刺了那些趋炎附势、暂时得利的小人。

还有一则《苍蝇和蚂蚁》的寓言很有趣，也是讽刺苍蝇的。有一次，一只苍蝇和一只蚂蚁为争谁高贵而发生争吵。苍蝇说：“你住在生满杂草的野地，我则住在皇宫；我吃的是国王的美味佳肴，你吃的是残羹剩饭；你在泥巴地里喝水，我则是从金杯银盏里饮用；我坐在国王的头上，你在地上人们脚下。所有最美丽的妇人，我都能触摸并亲吻她们那细柔甜美的面颊。你根本不配与我相比，你只能被人瞧不起。”蚂蚁鄙夷地对苍蝇说：“你这可耻的不知羞耻的东西，你说谁愿意让你靠近？那些国王和美女是怎样地待你？他们会欢迎你吗？你所到之处，被人们视为万恶之敌，遭到驱赶。你真是厚颜无耻，可笑无知！”该寓言寓意深刻，通过苍蝇和蚂蚁的对话，把苍蝇厚颜无耻的自夸，用蚂蚁的嘲笑反斥揭露了出来。苍蝇所自夸的丑恶行径，正是人们最厌恶、痛恨之处。蚂蚁的回答真可谓剥皮见肉，刀刀见血，入木三分。

人们对苍蝇真是深恶痛绝，根据苍蝇的特性，人们多把它比为趋势逐利的小人、乱邦败国的谗人。汉代班固就曾说：“众人之逐世利，如青蝇之赴肉汁也。青蝇嗜肉汁而忘溺死，众人贪世利而陷罪祸。”可见，苍蝇自古以来在人们的心中就没有留下好印象，一直遭到人们的痛斥和厌恶。

传染疾病的凶手

这可恶的遭人痛斥的苍蝇，为双翅目蝇科昆虫，全世界有几千种，我国有上百种。人们常见的有舍蝇、金蝇、绿蝇、麻蝇和家蝇等。我国最多见的为舍蝇。李时珍《本草纲目》曰：“蝇飞营营，其声自呼，故名。”又曰：“蝇处处有之，夏出冬蛰，喜暖恶寒。苍者声雄壮，负金者声清括，青者粪能败物，巨者首如火，麻者茅根所化。蝇声在鼻，而足喜交。其蛆胎生。”李时珍基本上把苍蝇的得名、种类、特征都描述了下来。关于金蝇、蓝蝇，法国著名昆虫学家法布尔在其《昆虫世界》一书的《蓝苍蝇》文中描写得非常有趣、详细，这里不再赘述。下面主要介绍我国最多的、具有代表性的舍蝇。

舍蝇因其自身呈苍黑色，故名苍蝇。它前翅较发达，后翅已退化为平衡棒；其头部有两只赤褐色的大复眼，占去头部的四分之三；其视力较弱，视觉差，只能看到半米内的物体；它有一对羽状刚毛的触角；口器为舐吸式，有唇瓣，适于舐食，如果遇到固体食物它就会分泌出唾液，待食物溶解后再吸收；它全身黑灰色，胸背有 4 条黑纹，腹正中有黑色纵纹；有六只足，足末端有一对钩爪和肉质爪垫，爪垫能分泌黏体物，因此在光滑的玻璃上也能附着爬行；苍蝇还好搓前后足，像搓绳一样。正如《埤雅》所云：“蝇好交其前足，有绞绳之象……亦好交其后足。”

苍蝇一生中要经过卵、幼虫、蛹和成虫四个阶段。它一年可产卵 6 ~ 7 次，每次产卵 100 多粒。卵孵化出来成幼虫，白色无足，即

叫蛆。李时珍曰："蛆，蝇之子也。凡物败臭则生之。""蛆行趦趄，故谓之蛆。"蛆长大后钻入土中，经过几次蜕皮，变成暗红色长圆的蛹。蛹不吃不动，经过十多天，最后破土而出，羽化为苍蝇。苍蝇的寿命不长，平均寿命为一个月。

苍 蝇

苍蝇最大的罪恶是可以传播几十种传染病，如霍乱、伤寒、痢疾、肺结核、白喉、鼠疫等，比蚊子更厉害、可怕。苍蝇传播传染病主要通过口器、毛爪、唾液和粪便等。苍蝇的爪肉垫和全身黏带有大量的病毒和病菌，当苍蝇停落在食物上时，不停地扇动翅膀，就把附在身体上的细菌、病毒和寄生虫卵等脏物都抖落在食物上。此外，苍蝇在吮吸食物时，从口中吐出的唾液里也带有大量病毒、病菌。更可恶的是，它一边吮吸食物还一边不停地拉大便。有人统计过它一小时平均要拉 2～3 次大便，苍蝇的大便中带有各种病毒、病菌，更远远多于体表所黏附的病毒、病菌。它边吃、边吐、边拉，会传染多少疾病？所以，苍蝇爬过的食物千万不能再吃。

有人可能会问，苍蝇体内那么多病毒、病菌，为什么它自己不犯传染病呢？据医学专家和昆虫学家研究，这主要是苍蝇体内能产生一种具有强大杀菌作用的"抗菌活性蛋白"，其只要有万分之一的浓度，就可以杀死各种病菌，这是当今人类所研究出的任何抗生素都难以比拟的。相信在不久的将来，我国科学家将会利用从苍蝇身上提取的"抗菌活性蛋白"，研制出一种高强度的抗生素来，为人类治疗和预防各种疾病开辟新的途径。

另外，受苍蝇灵敏的嗅觉器官和味觉器官的启发，科学家将会仿制出灵敏的气体分析仪，用来测量矿井中所含瓦斯的含量，可以及早排除隐患，使生产更安全。我国生物和物理专家还根据苍蝇有 4000 个小眼的启迪，研制出一种蝇眼照相机，一次可拍摄 1000 多张照片，其分辨率达到4000像素之多。

喧腾鼓舞喜昏黑

——趣话蚊子

民间曾流传有一个有关蚊子的很有趣的故事。相传汉武帝时期，有个夏天的晚上，东方朔闲来无事，正在院内乘凉。郭舍人走过来向东方朔开玩笑说："我讲一样东西，你如果猜出来了，我便脱了裤子让你打屁股。"东方朔一贯诙谐幽默、机智聪明，回话说："你且说来，我若猜不出来，你打我屁股。"郭舍人便道："客从东来，且歌且行；不从门入，翻我墙头；游戏中庭，进入殿堂；你击它亡，主人被创。"东方朔不假思索地答道："此物可恶，长喙细耳；昼伏夜出，嗜肉恶烟；为掌所扪，名叫蚊虫。"郭舍人连说："对！对！对！"当即脱下裤子，让东方朔打。这个有趣的故事，通过巧妙、诙谐的语言对答，把蚊子的特性生动地刻画了出来。

嗜血成性的凶手

蚊子的确令人厌恶、憎恨。夏日晚上，当你劳碌一天正蒙眬欲睡之时，它在你耳边嗡嗡哼个不停，扰得你不得安睡；当你不备时，它又趁机咬你一口，吸你的血，使你奇痒难忍；当你赶走它再想入睡时，它又哼着飞来，不停地叮咬。它不仅吸你的血，还扰得你彻夜不得安生。蚊子飞来飞去扰人，不知为何齐桓公戏谑喻称它为"白鸟"。在南朝梁萧绎的《金楼子·立言》中记有：

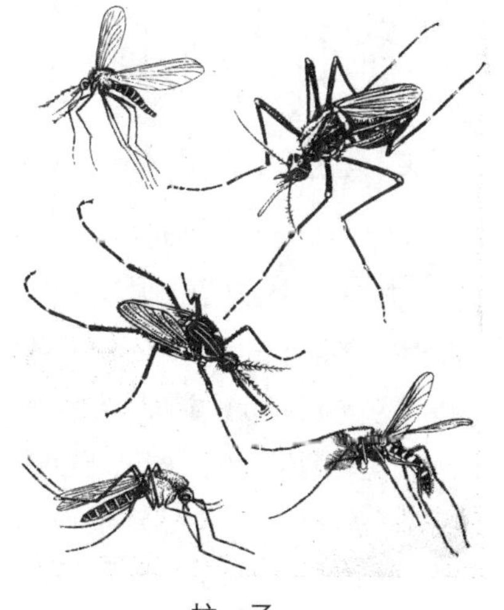

蚊　子

"'白鸟'蚊也。齐桓公卧于柏寝,谓仲父曰:'吾国富民殷,无余忧矣……今白鸟营营,饥而未饱,寡人忧之。'"

蚊子更可恶的是,它"当叮之前,要哼哼地发一篇大议论,却使人觉得讨厌。如果所哼的是说明人血应该给它充饥的理由,那可更讨厌了。幸而我不懂。"(鲁迅《夏之虫》)鲁迅先生是在借蚊子来揭露痛斥那些无聊的剥削阶级。但蚊子确实可恶,它在叮人之前总会"哼哼哼"地叫一番,故而古人有妙词讽刺曰:"娇声夜摆迷魂阵。好无情,偷精吮血,犹尔假惺惺。"真是入木三分地把蚊子虚假的丑恶嘴脸和残忍的本质刻画了出来。庄子也痛斥蚊子曰:"蚊子噆肤,则通宵不寐矣。"唐代诗人孟郊更有《蚊子》诗云:

五月中夜息,饥蚊尚营营。
但将膏血求,岂觉性命轻。
顾已宁自愧,饮人以偷生。
愿为天下幮,一使夜景清。

诗写五月的半夜人们正在休息,饥蚊"营营"地叫着飞来。它虽然体小身轻,可是为了吸人的膏血而不顾自己的生命。蚊虫从不为只顾自己之利感到惭愧,不顾一切地去偷吸人的血,但愿有顶能罩住整个天下的大蚊帐,使大家能在夜里不再受蚊虫的叮扰。诗人一方面写出了蚊子为了自己叮扰人类、吸人血的可恶行径,另一方面也抒发了诗人的宽广的襟怀,希望有一顶大蚊帐罩住,让天下人都不要受蚊虫的叮扰。更重要的是,诗人借写蚊来斥责那些像蚊子一样,损人利已、吸人血的剥削阶级。把那些吸人血的"人蚊"的丑恶嘴脸和"饮人以偷生"的本质入木三分地揭露了出来。宋代大诗人陆游也有诗云:"泽国故多蚊,乘夜吁可怪。举扇不能却,燔艾取一快。"可见我国古人对蚊虫的叮扰也早已痛恨,并深有感受。因此,明代散文家方

孟郊咏《蚊子》诗

孝孺在《蚊对》一文中写道："呼天而叹曰：天胡产此微物而毒人乎？"这是诗人在对天呼叹：苍天啊，你为什么会产出这些毒害人的东西啊！这是封建社会知识分子对那些剥削阶级的"人蚊"的痛恨和无奈。

传播疾病的瘟神

蚊虫不仅叮扰人，更可恨的是它还在叮人时传染多种疾病，严重地危害人们的身体健康。它能把几十种病原体和传染病微生物传入人体，危害人类。明代李时珍《本草纲目》说："蚊处处有之，冬蛰夏出，昼伏夜飞，细身利喙，咂人肤血，大为人害。"

蚊子吸人血时，主要靠它那像钢针一样的嘴。它的嘴是由六根比头发还要细的针组成。其中既有专门吸血的管道，还有穿刺皮肤、肌肉和血管的刺血针和锯齿刀。

蚊子主要是雌蚊吸人血，雄蚊因口器退化而不吸血，只吸些草汁、露水和花蜜。雌蚊在夜里能嗅出人体所散发出的特殊气味，并能敏锐地察觉人熟睡时的鼾声。当它闻到喜欢的气味后便停下来，找适当时机，用其嘴上的六根细针同时刺破皮肤、肌肉，穿入血管中，瞬间就能饱餐一顿。

蚊子比较狡猾，它把钢针刺入血管中吸血前，为了防止血液凝固，先注射一种防止血液凝固的毒素。当它吸完血，这些毒素便留在人体的血管中。这些毒素中携带有各种病菌，如疟疾、丝虫病、乙型肝炎、脑膜炎等。

雌蚊吸血主要是从血中获取蛋白质来育卵，繁殖后代。蚊子吸血的能量也很大，它所吸的血是其自身体重的3倍多。北宋文学家范仲淹曾有诗形容蚊子，"饱似樱桃重，饥如柳絮轻"，很恰切。蚊子吸一次血，可以产一次卵乃至越冬。

蚊虫的卵产于污水中，卵孵化后成孑孓。孑孓游于水中，会头尾上下回环翻着跟头，故古人又称之为"倒跂虫""翻跟头虫"。清代王念孙《广雅疏证·释虫》曰："其形首大而尾锐，行则掉尾至首，左右回环；止则尾浮水面，首反在下，故谓之倒跂虫。"民间也俗称其为"钉倒虫"。王念孙又云："钉倒之言颠倒也。今扬州人谓之翻跟头虫。”孑孓生于污水中，长二三分，形如蛆虫，故又称水蛆。这些均反映出蚊子的幼虫孑孓的生活习性和特征。孑孓以藻类和腐败的微生物为食，一星期左右蜕皮化为蛹。蛹在水里不取食，再经过2～3天便羽化为能飞的蚊子。雄蚊一般只活1～3个星期，交配后即死去。雌蚊平均可活一个月，产卵两次，每次产卵200～800粒。越冬的雌蚊吸饱了血后，可以活好几个月。

蚊子传疟危害大

蚊子古代又称蚋、蚊蚋等。《国语·晋语》云：“蚋、蚁、蜂、虿，皆能害人。”今蚋为蚊。唐诗人项斯有《遥装夜》诗云：“蚊蚋已生团扇急，衣裳未了剪刀忙。”

蚊子种类很多，世界上有3500余种，我国有350余种，最常见的有疟蚊、普通蚊、黑斑蚊等。其身体柔软细小，触角细长，前翅发达窄长，后翅退化为平衡棒。它最突出的特征是有一个像空心针式的六管吸式口器，用来叮咬人畜和传染疾病。

蚊子传染疾病多而且快，可以导致灾难性传染病迅速发生。据记载：唐代时，杨国忠曾带兵征伐云南少数民族，这些北方士兵到云南被蚊虫叮咬后，很快传染上疟疾，因无药可治，病死了一万多人，杨国忠不战自败，不得不退出云南。清代，有一次三千清兵入侵广西，因被蚊子传染上疟疾，全部病死，无一幸免。由于蚊子传染疟疾，也是使希腊和古罗马从繁荣走向衰弱的原因之一。

20世纪40年代，全世界约有3亿人被蚊子传染上疟疾，其中约有3000万人死亡。据世界卫生组织统计，现在全世界仍有约5亿人因蚊虫传染上疟疾受折磨，其中200万左右为非洲儿童。仅亚洲、非洲、中美洲，每年至少有1万人死于黄热病，100万人死于革登热。这都是蚊子传染引起的。可见，蚊子虽小，危害很大，它是传染给人类疾病的瘟神和凶手，我们要坚决消灭它。

消灭蚊子，我们首先要搞好环境卫生，铲除蚊子的滋生环境；还可以利用蚊虫的天敌，如青蛙、燕子、蜻蜓、鸟雀等来消灭蚊子；另外，也可以燃烧蚊香、喷洒灭蚊剂等来消灭蚊子。消灭蚊子的办法很多，现在用驱蚊灯、灭蚊器、电蚊拍等消灭蚊子，既环保又简便。

蚊子是人类的大敌、死敌、恶敌，我们一定要把它消灭干净。

体态婀娜似锦绣
——趣话金鱼

金鳞仙子泳银波

金鱼为珍贵的观赏鱼，是我国的特产。它锦鳞闪烁，如锦似绣，体态婀娜多姿，头顶彩冠，身拖长裙，特别受到人们的珍爱，被美称为“金鳞仙子”“水中牡丹”。在民间，因为金鱼的谐音为“金玉”，“塘”为“堂”的谐音，所以数尾金鱼悠游于水中的纹图为“金玉满堂”，象征富贵吉祥。

金玉(鱼)满堂

中国是金鱼的故乡，中国鲤鱼是它的祖先。金鱼是由鲤鱼变异而来，故称金鲤鱼。因金鱼多为红色，又称“丹鱼”。清代李元《蠕范·物食》云：“金鱼，丹鱼也，赤鳞鱼也。春末生子草上，初出黑色，久则红色，或白色，或红白黑斑相间无常。”到了16世纪传入日本，17世纪传入欧洲，后来传入世界各地，被世界称为“东方圣鱼”“中国福星”。现在世界各地的人们都喜欢金鱼，金鱼成为世界珍贵的观赏鱼。每年我国出口金鱼数量位居世界之首。

我国把金鱼作为观赏鱼饲养始于宋代。明代李时珍《本草纲目》云:“《述异记》载,晋桓冲游庐山,见湖中有赤鳞鱼,即此也。自宋始有畜者。”说明了桓冲所见的赤鳞鱼即我国最早的金鱼,而真正作为观赏鱼池养则始于宋代。

另据史书所载,南宋时期,在杭州六和塔兴教寺等地已开设池塘来放养金鱼。宋高宗赵构就酷爱养金鱼、赏金鱼。他晚年时在杭州的德寿宫内建造金鱼池来放养金鱼。金鱼已由野生放养过渡到鱼池人工喂养的半家化养殖阶段。此时,金鱼主要为金黄色,其实仍是鲤鱼罢了,故又称金鲤鱼、金鳞。宋人彭乘《续墨客挥犀》中记有:西湖南屏山兴教寺,有鲤鱼十余尾,皆金色,道人斋余倚槛投饼为戏。

到了元代,养的金鱼已有红色、银色、金花等品种。元代一蒙古贵族在他的私邸用水晶作壁,珊瑚作栏,砌成豪华的观鱼池,池中即养有五色金鱼。

明代,又有了以盆、缸养金鱼的方式,养金鱼的风习更加普及。明代诗人王恭《三山送客归钱塘》诗云:“浙水金鳞活,西湖白藕香。”明人屠隆所撰的《金鱼品》对当时人们蓄养金鱼的风习时尚和金鱼品种做了较详细的介绍:“惟人好尚,与时变迁,初尚纯红、纯白。继尚金盔、金鞍、锦被及印红头、裹头红、连鳃红、首尾红、鹤顶红,若八卦,若骰色。又出贋为继,尚墨眼、雪眼、朱眼、紫眼、玛瑙眼、琥珀眼,四红至十二红、二六红,甚有所谓十二白,及堆金砌玉、落花流水、隔断红尘、莲台八瓣,种种不一。”明代黄省所撰的《鱼经》一书中还谈到用鲤鱼来人工饲养金鱼的方法。

清代人们养金鱼更普及、更专业,并且已有意识地去杂交、选种,培养各色各类金鱼,并积累了养金鱼的经验。清人宝奎就集自己多年的养鱼经验,著有一本《金鱼饲育法》,分为种类、位置、蓄水、喂养、生子、鱼病六章。此时,在江浙一带还有了专门出售金鱼的商贩。陈淏子《花镜》中“金鱼”条记有:“吴越市贩,多金鲤、金鲫,大有一二尺者,蓄之池中,任其游泳清波,尽堪赏玩。”当时京都也已有卖金鱼者。富察敦崇《燕京岁时记》云:“又有卖金鱼者,以玻璃瓶盛之,转侧其影,大小俄忽,实为他处所无也。”此时,燕京还有些新贵和官宦人家不惜重金、贵材建金鱼池于私家花园中，用来蓄养金鱼，以供观赏。清代诗人李静山《增补都门杂咏·金鱼池》诗云："天坛北面水池深，大小鱼池映绿阴。曲径游人欣玩赏，手持气凸岸边寻。"燕京的一些达官贵人还把一些书案、寝床等高档家具和盛养金鱼器具结合起来，以显豪华奢侈。

观金鱼（选自《吴友如画宝》）

王士禛的《香祖笔记》中记有某大臣籍没时，有一书案，乃琥珀琢成，而嵌水精，方广二尺，用来贮水，养朱鱼，红鳞碧藻，煦沐游泳，恍若丽空。易宗夔《新世说》亦记有杨秀清所寝之床，以玻璃片镶嵌，中贮水藻，养金鱼。

人们蓄养金鱼并不是为了食用，主要是用于观赏和趣玩。2011年，中央电视台播出的春节联欢晚会上的《金鱼排队》，其实早在我国清代徐珂《清稗类钞》"戏剧类"中就有记之："有畜金鱼者，分红白二种，贮于一缸。以红白二旗引之。先摇红旗，则红者随红旗往来游溯，疾转疾随，缓转缓随，旗收，则鱼皆潜伏。白亦如之。再以二旗并竖，则红白错综旋转，前后间杂，有如走阵者然。久之，以二旗分为二处，则红者随红旗而仍为红队，白者随白旗仍归白队——是曰'金鱼排队'。"其实，这不是什么魔术，而是训练使然。关于"金鱼排队"的训练方法是：先将各种颜色的金鱼分缸来养，每逢喂食，对红色金鱼挥红色旗帜，对白色金鱼挥白色旗帜。经过一段时间的训练，鱼便养成习惯。然后，把各色金鱼放在一口缸里，挥红旗则红金鱼上来，挥白色旗则白金鱼上来，其他各色金鱼无不根据各色旗帜听命，或排队，或吃食。

形形色色的金鱼

金 鱼

金鱼是人们喜爱的观赏鱼，其品种繁多，形态各异。按其色彩、眼球、形体等特征分为草种类、龙种类、文种类、龙背种类和蛋种类五大类。各类中再按头顶是否有水泡、肉瘤、绒球等又分为水泡眼型、虎头型、绒球型等29型。此外，还有些特殊色彩或形体者而又专门命名。金鱼的命名真是五花八门，各具特色，并被注入文化内涵，更富有诗意。如我国现代园艺家周瘦鹃写有《养金鱼》《再谈养金鱼》等，介绍了很多关于他养金鱼的知识。他还把词牌用来给金鱼起名，如将水泡眼称为“眼儿媚”，将朝天龙称为“喜朝天”，将堆肉称为“玲珑玉”，将珍珠称为“一斛珠”等，颇有情趣。

人们是怎样把普通的鲤鱼驯化为美丽多样的金鱼的呢？从宋代开始的由野生到池养是家化的主要因素。特别是明代缸养和盆养后，由于水质、营养和人工饲养的条件变化，不再存在生存竞争的现象，促使了金鱼越来越懒惰，使它的形体、鳞片、鳍和颜色等方面都发生了不同程度的变异。然后人们有意识地培育，使金鱼一代一代不断杂交变异，品种越来越多，花色和形体也越来越多样，逐渐形成了今天如锦似绣、五色斑斓、婀娜多姿的人们喜爱的美丽模样。

金鱼的美丽传说

美丽的金鱼受人们喜爱，它的神秘传说故事更是动人。民间传说金鱼是由龙王的女儿所变。

传说南海龙王的女儿鱼龙公主小时候就死了娘，自己孤孤单单地住在水晶宫里，天天冷冷清清的，很是寂寞。她听说杭州西湖是人间天堂，便偷偷来到杭州西湖。当时正值春光明媚，山青青，水粼粼，桃红柳绿，莺歌燕舞之季，她不舍得回龙宫，遂跃入西湖，准备在这里生活下去。

金鱼荷花（剪纸）

这时候，一艘小渔船上站着一个打鱼的年轻后生，正在撒网打鱼。鱼龙公主刚到西湖，感到哪里都新鲜，正兴致勃勃地游着，一不小心闯进渔网中。这位后生收网时发现网中有一条红鳞鲤鱼，高兴极了。他捉起这条红鳞鲤鱼，忽然发现鲤鱼眼里滚下两滴泪珠，怪可怜的。他见红鳞鲤鱼流泪，轻轻叹了口气，又把红鳞鲤鱼放回湖中。

这位年轻的后生是个苦孩子，人们叫他苦哥。他小时候死了娘，与老爹以打鱼为生，相依为命。这些天老爹有病在床，苦哥本想打条鱼来炖给老爹补补身子。结果打了一天鱼，一条鱼也没有打上来，好不容易打上来一条红鳞鲤鱼，又遇上这件怪事。苦哥正苦闷着，忽听身后有人喊：“小哥哥，你等一等！”苦哥回头一看，只见一位十七八岁的姑娘正提着一条鱼追来。苦哥不好意思收下，他想我怎么好无故要别人的东西呢？经姑娘苦苦劝说，他才收下。为感谢这位好心的姑娘，他指指前面不远处的茅屋，邀姑娘到家中坐坐。姑娘也不推辞，就高高兴兴地随他一块儿回去了。

到了苦哥家，姑娘忙着帮苦哥炖鱼给老爹爹吃。老爹吃了鱼，又见儿子领回这么一个好姑娘，身体顿时好了许多。老爹问姑娘家在哪里。姑娘说：“家住南海渔村，叫渔姑，与姨妈一起走亲戚走散了，没法回家了。”老爹见姑娘心地善良，留姑娘在家住下。第二天，姑娘见老爹身体好了许多，也愿意留下伺候老爹。

住了几天，老爹见姑娘与苦哥情投意合，便让他俩成了亲。从此一家人欢欢喜喜地过日子。

有一天，小两口又到西湖打鱼。突然天空乌云密布，电闪雷鸣。湖中波涛汹涌，只见乌云中一个霹雳，一只龙爪抓起渔姑抛入湖中。苦哥不顾一切跳入湖中去救渔姑。可是哪里还有渔姑的影子啊！过了一阵子，只见湖中心一条红鳞鲤鱼探出头流着泪向他点了点头，又被波浪盖下去，再也不见踪影。不一会儿，云散了，浪停了，苦哥因失去渔姑心里十分难受。从此，他每天都要到西湖边喊着渔姑的名字："渔姑啊，渔姑，你快回来啊！"一闪过去了几个月。一天，苦哥又到西湖边喊着渔姑，忽见湖面一张翠绿的荷叶上跳着两条小红鲤鱼，一直漂到他面前。好像听见渔姑在水中说："苦哥呀，我的苦哥，渔姑本是鱼龙种，想回千万不可能，一对儿女送回来，永留西湖后代传。"苦哥听了，一阵心酸，流着热泪，伸手捧住荷叶中一对可爱的小红鲤鱼放入湖边的花港中。

从此，苦哥每天精心饲养着花港中这一对红鲤鱼，一直到老死。这两条红鲤鱼在花港中，喝着山泉，吃着百花瓣，一代一代，由此，"花港观鱼"也成为西湖十景之一。

眼似珍珠鳞似金
——趣话鲤鱼

神奇的鲤鱼世界

"眼似真珠鳞似金，时时动浪出还沈。"这是唐代诗人章孝标在《鲤鱼》一诗中对鲤鱼的真实生动的描绘。你看鲤鱼的眼睛像珍珠般晶莹润泽，鳞片像黄金般闪闪发光。它在波浪中，一忽儿跃出水面，一忽儿潜入水底，这两句诗可谓把鲤鱼写活了。

鲤鱼属硬骨鱼纲，鲤形目，鲤科，鲤属。明代李时珍《本草纲目》中曰："鲤鳞有十字纹理，故名鲤。"鲤鱼的种类繁多，主要有红鲤，又称赤鲤，通体色红，或有黑白斑点；草鲤，体黑绿色，无鳞；荷包鲤，体短腹圆，如荷包状；镜鲤，体白光滑，少有鳞片。近年又新培育出一种锦鲤，红黄白黑，五彩斑斓，游姿矫健，性情活泼，既可作观赏，又可食用，人们称其为水中"活宝石"。鲤鱼的食性也较杂，既不挑食也不偏食，荤素皆宜。它不仅吃软体动物，也吃青草，适应性极强，除我国西部高原外，其他地方都能生存。

鲤　鱼

鲤鱼比较活跃，可起水跳跃，古人还以马为其取名。晋代崔豹《古今注》中云："兖州人谓赤鲤为赤骥，青鲤为青马，黑鲤为玄驹，白鲤为白骐，黄鲤为黄骓。"《尔雅翼・释鱼》引崔豹上文，注曰："皆取马之名，以其灵仙所乘，能飞越江湖故曰。"

孔子给儿子起名为"孔鲤"

我国人工养鲤历史悠久，可以说是世界上最早人工养鲤的国家，至今已有2600多年历史。我国最早的诗歌总集《诗经》中已有"岂其食鱼，必河之鲤"。传说，孔夫子的儿子出世时，鲁昭公还特地给他送来了条鲤鱼，作为祝贺。孔子为了纪念国君对他的赏赐，特地给儿子取名为孔鲤，字

伯鱼。可见,当时皇家官府已把鲤鱼作为最好的贺礼和赏赐。稍后,人们养鲤更加普遍。当时的范蠡还写有一本《养鱼经》,介绍有养殖鲤鱼的经验。

汉代,养鲤之风盛行,皇家及民间均大量养殖。汉昭帝曾令人在长安西南的人工湖中大量养殖鲤鱼,供皇家食用。在《后汉书·列女传》中还载有一个故事:姜诗的母亲特别喜欢吃鲤鱼。她吃鱼时,不愿一个人吃,想和别人一起吃。姜诗每次为母做好鱼后又请来邻居的婆婆一起来吃。时间久了,房子旁竟涌出一泉,每天都会从泉水中蹦出两条鲤鱼来,供两位老人食用。

鲤鱼的世界是一个神奇的世界。在漫长的历史长河中,它竟被浸染上了许多神秘的色彩。

多元的文化内涵

鱼对中国人来说,不仅可做鲜美可口的菜肴,而且还具有多元吉祥文化内涵,形成了一种独特的鱼文化学科门类。

鲤鱼戏水

鱼,是人类的祖先。科学发现,陆地上动物源之于海上生物,均与鱼有很多亲缘关系。《山海经》上就记有大量鱼身人头的物类,民间还流传很多人与鱼的动人爱情故事。鲤鱼还被古代先民们作为吉祥物来崇拜,并渗透到人们的方方面面的文化生活中。俗传古代传递信息是在绢帛上写信装在鱼腹中进行传递的,故有“鱼传尺素”的典故。这种用鱼所传的书信叫鱼书、鱼笺、鱼素等。《饮马长城窟行》诗云："客从远方来，遗我双鲤鱼。呼儿烹鲤鱼，中有尺素书。"

隋唐时期，由鱼素又发展为鱼符。鱼符是用木雕或铜铸为鱼形，刻书其上，剖而分执之，以符相合为凭信。唐代的官员任职就是以鱼符为凭，新官上任须出示左鱼，与原任的右鱼相合为验。古代帝王传达军令，使臣也必须持"符"为凭证。"符"原为虎符，唐高祖李渊为避其祖李虎讳，方改为鱼符。另据《旧唐书·舆服》载：唐代官员随身佩鱼符，并配有"装鱼袋"，有金、银、铜之分，亲王及五品以上官员佩金、银、铜制鱼符，以显明官职高低、地位贵贱之分。

佛寺中僧徒们念经时所敲打的鱼鼓，俗称木鱼。在《水经注》引《异苑》中还记叙有一个关于木鱼的故事：晋武帝时，吴郡临平湖，因湖岸坍塌，发现一石鼓，击打而无响声。便去请问张华，张华说："用蜀中所产之桐材，刻成鱼形击之，声音悦耳，并可传数十里。"寺僧照此用桐木做鱼形木鱼挂于寺殿前，敲之，果然木鱼声清脆悦耳，音传十里外。所以，木鱼成为佛教盛典仪式和日常诵经用的一种打击乐器。

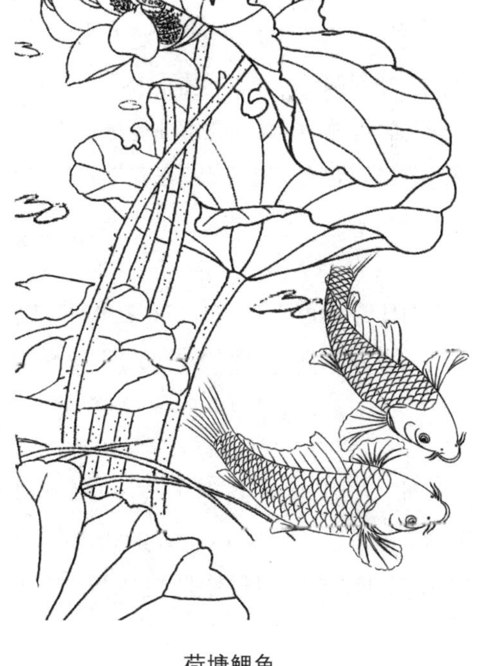

荷塘鲤鱼

鱼作为吉祥物，还因为鲤鱼的"鲤"与"利"谐音，含有利、得利、顺利之义。另外，鲤鱼善腾跃，有能神变之说。明李时珍《本草纲目》云："鲤为诸鱼之长，形既可爱，又能神变，乃至飞越江湖。"故此，古代有"鲤鱼代龙""鲤鱼跳龙门"的故事传世。《三秦记》云："龙门山，在河东界。禹凿山断门，阔一里余。黄河自中流下……每岁季春，有黄鲤鱼，自海及诸川争来赴之。一岁中，登龙门者，不过七十二。初登龙门，即有云雨随之，天火自后烧其尾，乃化为龙矣。"这段话讲的是一个传说故事：传说大禹采用疏通河道的办法治理黄河，可是黄河上有一龙门挡住了水流。为了疏通水流，大禹带领手下人马，开掘龙门，在龙门山挖了一个山洞，水从山洞中奔流而下。这是一个奇迹，人们纷纷从四面八方来观看。鲤鱼也都游来，准备从洞中跃过龙门。鲤鱼跃过龙门者，马上就会有天风海雨相助，化为龙升天。由于这里水流湍急，每年跃过龙门的鲤鱼不过 72 条。这真是一个神奇而又美丽的传说。所以，后世人们把科考中举的人称为登龙门，或用来作为"一登龙门，身价百倍"的祝吉语。"鲤鱼化龙"亦比喻金榜题名、仕途直上。元代高明《琵琶记·南浦嘱别》云："孩儿出去在今日中，爹爹妈妈来相送。但愿得鱼化龙，青云直上。"另据《搜神记》中载：王祥对后母非常孝顺，后母病重想吃鲤鱼。王祥不顾当时天寒地冻，竟脱衣卧冰求鱼。结果奇迹出现，在王祥卧处，冰忽然化开，一双鲤鱼跃出。王祥把鲤鱼烹熟奉母食，母病愈。这个故事被收入古代"二十四孝"中，表达了劝人尽孝、劝人向善的美好愿望。在此，鲤鱼被又赋予了忠孝的意念。

由于古人对鲤鱼喜爱和信仰，所以很多剪纸、刺绣、雕刻等吉祥图案均有鲤鱼。汉代画像石上的鱼纹多是鲤鱼，并常与龙、凤画于一起。吉祥图案的"鱼跃龙门""渔翁得利""连年有余""富贵有余"均为鲤鱼，这主要是取"鲤"与"利"的谐音，以求万事吉利如意。

为龙未必胜为鱼

由于鲤鱼的美丽，加之神奇的身世传说和诸多文化内涵，历代诗人多有赞咏。唐代诗人白居易有一首《点额鱼》诗云：

龙门点额意何如？红尾青鬐却返初。
见说在天行雨苦，为龙未必胜为鱼。

诗人以幽默调侃的笔调借鱼说人，劝人摆脱庸人心理，做龙未必有鱼好。"点额鱼"是指未跳过龙门的鱼。北魏郦道元《水经注》云："出巩穴，三月则上渡龙门，得渡为龙矣，否则，点额而归。"后借喻落榜的考生。

另传，鲤鱼产仔多，汉代铜洗上也常有两条鲤鱼，中间嵌"君宜子孙”四字，被用于祝吉求子，象征子孙繁盛。上古时期青年交往中，赠鱼、食鱼往往还和恋爱、婚姻、生子有关。古人认为鱼儿离不开水，以鱼水之情来喻夫妻好合，关系密切。故后世喻夫妇好合为“鱼水合欢”。元代刘庭信《新水令·春恨》词云：“几时能够单凤成双，锦鸳作对，鱼水和谐。”古时已用凤凰成双、鸳鸯成对来比鱼水不可分之情，可见古人对鱼之重视。

民谚曰：“盛筵不可少，年饭不可无。”在民间，人们认为鲤鱼不仅可做鲜美可口的饭菜，而且还与礼俗、年节文化紧密相连。春节时每家的年夜饭或请客时的盛宴不可没有鲤鱼，最好是金色或红色鲤鱼，一则象征喜庆，二则象征年年有余。民间认为鲤鱼是吉祥物，节日和待客不可少。

鲤鱼被视为吉祥物，主要来源于先民们对鱼的崇拜和信仰，所以古代给鱼蒙上一层神秘的色彩，使它具有镇邪的功用。汉代画像石中所绘门环扣多为鱼饰。唐代的屋门、柜门、箱门的拉手也多为鱼形。据传，门上鱼纹饰有镇邪功能。清代丁用晦《芝田录》曰：“门钥必以鱼者，作镇物，取其不瞑目守夜之义。”所以，旧时年夜饭所用之鱼要放在正对大门的供桌上，寓意鱼不瞑目，看守大门，防止鬼魅入侵。这又给鱼附会上一层吉祥色彩。

由于远古先民们对鱼的信仰，还把鱼看成祥瑞之物。《宋书·符瑞志下》载：“宋明帝泰始二年十月己巳，幸华林天渊池，白鱼跃人御舟。”“汉章帝元和三年正月，东驾北巡……有神鱼跃出十数。”因此人们认为，鱼为河之精，是帝王的吉祥瑞兆，喻为鱼授“河图”。据《大业杂记》载：“清冷水南有横渎，东南至砀山县，西北入通济渠。忽有大鱼，似鲤有角，从清冷水入通济渠，亦唐兴之兆。”大鲤鱼有角，是说此鲤鱼已成龙。“鲤”谐音“李”，附和为李唐王朝将兴之兆。所以后来鲤鱼便有了

鲤为瑞兆（剪纸）

特殊身份。唐代段成式《酉阳杂俎》云:“国朝律:取得鲤鱼即宜放,仍不得吃,号赤鲩公。卖者,杖六十。言鲤为李也。”唐朝还命令全国普建放生池。唐代鲤鱼得到朝廷法律保护,并非为生态文明的需要,而是李唐王朝的荒唐之举。

鱼儿离不开水。鱼是水的宠儿,水是鱼的乐园。古代曾把明主与贤臣比为鱼水关系。三国时蜀王刘备得诸葛亮时曾说:“自从我得到了孔明,就像鱼儿有了水。”今天,人们赋予鱼以更深的文化内涵,把人民军队比喻为鱼,把人民群众比喻为水,于是神州大地演唱出一曲曲动人的军民鱼水情的颂歌。

鱼以美丽身姿畅游于浩瀚的水的世界,也游动于五千年悠悠的中国文化海洋之中,为人们带来了佳肴美馔、吉祥与幸福。

鳞光鳍动脍倾白

——趣话鲫鱼

结群而游附群行

鲫鱼是人们常见而又喜爱的鱼类之一。因为它喜欢结群而游,附群而行,人们称它为鲋鱼。李时珍引宋代陆佃的《埤雅》云:“鲫鱼旅行,以相即也,故谓之鲫;以相附也,故谓之鲋。”这说明了鲫鱼喜欢结群附行的习性。成语“过江之鲫”,也就是说成群的鲫鱼过江而来。东晋王朝在江南建立后,北方名人贤士纷纷南行,故当时用“过江名士多于鲫”来形容他们追随东晋王室的情形。这也正说明了鲫鱼集群而行的生活特征。

鲫鱼体形似鲤鱼,但比鲤鱼要小得多,体短脊隆,背为青黑褐色,腹银灰色。明李时珍《本草纲目》中即曰:“鲫,所在池泽有之。形似小鲤,色黑而体促,肚大而脊隆,大者至三四斤。喜偎泥,不食杂物,故能补胃。”又因它喜偎泥,有些地方又称它为土附鱼。它与鲤鱼相比,虽然嘴边缺少了两根优雅的口须,但其肉质细嫩鲜美,要比鲤鱼好吃多了。

鲫鱼分布极广，产于淡水，适应性强，几乎有淡水的地方它都能生存。但众多的鲫鱼中，以河南鹤壁淇河的鲫鱼最有名。淇河鲫鱼呈金黄色，脊背宽厚，体形丰硕，十鱼九雌，具有雌雄同体的特征。特别是冬季，它肉厚籽多，其肉嫩鲜美，更加好吃。古代曾是进贡皇上的贡品和送礼的佳品。此外，江苏六合的龙池鲫鱼也很有名。宋代的仁宗赵祯、钦宗赵桓，清代的康熙、雍正皇帝都非常爱吃鲫鱼，每当产鱼季节，淇县县令就要忙着捕鱼进贡。进贡的鲫鱼要求送到京城是鲜活的，所以要像唐代传送荔枝一样，不惜一切人马，捕捞上鲫鱼后，用水养好立即日夜兼程送往京城。

公遣霜鳞贯柳来

鲫鱼肉嫩鲜美，被人们视为珍馐美味。宋代时人们不仅把鲫鱼做贡品，还把它作为馈赠亲友的佳礼。被称为“宋诗开山祖师”的梅尧臣，在河南襄城县任县令时，有一年夏天，天气特别热，他在室内手持扇子仍驱不走这热气，正为这闷热而心烦时，忽然听到家人来报“来客人了”，便立即走到门外迎接客人。只见客人高员外用柳枝穿着一条一尺长的大鲫鱼，而且那鱼还在翻腾挣扎着，把柳枝压得弯弯的。他顿觉得周身凉爽起来，甚至连额头的汗也悄然消失了。他一边高兴地立即接鱼，豪爽地喊着家人：“快把这鱼拿去杀了，脍菜！”又一边给客人让座说：“今天中午我们兄弟俩相见，我要用这大白酒杯好好敬你两杯。”很快鱼做好了，两人笑着入座，边吃着鱼，边笑聊着，很是畅快惬意。诗人越吃越高兴，好像见到一只鸾鸟正欲振翅穿云飞上蓝天。梅尧臣兴致忽来，即兴挥笔而写《戏酬高员外鲫鱼》诗一首：

梅尧臣与朋友边吃鱼边喝酒

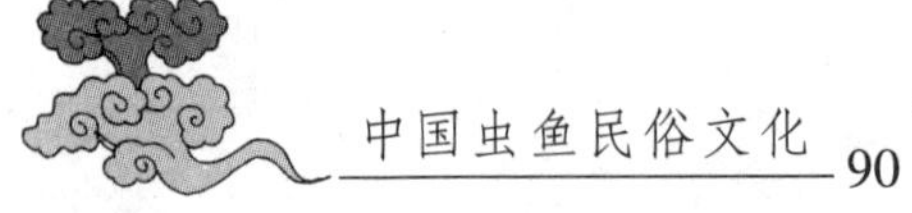

天池鲫鱼长一尺，鳞光鬣动杨枝磔。
西城隐吏江东客，昼日驰来夺炎赫。
冷气射屋汗收额，便教斫脍倾大白。
我所共乐仲与伯，美君赴约笑哑哑。
持扇已见飞鸾翮，欲往从之云雾隔。

诗人想象力真是够丰富的了，朋友送来一条鲫鱼就会这么高兴，甚至仿佛看见一只鸾鸟，直飞蓝天。当然这也有诗人祝朋友高升之意。

无独有偶，北宋著名诗人、书法家黄庭坚也有一首《谢荣绪惠贶鲜鲫》诗："偶思暖老庖玄鲫，公遣霜鳞贯柳来。齑臼方看金作屑，脍盘已见雪成堆。"写诗人正想要吃美味的鲫鱼时，恰好友人派人用柳条穿着一条鲫鱼送来。家人立即准备各种佐料，做成了一盘雪白的鱼端上来。可以想象当时诗人那高兴的心情。由此可见，人们都喜欢吃鲫鱼，而且把鲜活的鲫鱼用柳条穿起，作为馈赠亲友的礼物，已成为当时一种最时尚、最高雅之举。

灵女本为鲫鱼化

说到鲫鱼，民间流传有南朝著名诗人谢灵运的一段浪漫故事。

谢灵运生于东晋孝武帝太元十年(385 年)，本为东晋名将谢玄的孙子。他少时好学，聪颖过人。18 岁时袭封为康乐公，故又世称为谢康乐。曾任琅琊王大司马参军、相国从事中郎等职。入宋后宋少帝刘义符时，他出任永嘉太守。任职期间，由于政治和官场上的失意，他不思政事，恣意游山玩水，傲慢放纵。

有一次，他去游石门洞时，刚进沐鹤溪，看到两个容貌俏美、冰肤黑发的少女在挽袖浣纱，于是，吟诗戏之："我是谢康乐，一箭射双鹤。试问浣纱娘，箭从何处落？"二女置若罔闻，邈然不顾。谢灵运又往前走近几步，再咏诗道："浣纱谁氏女？香汗湿新雨。对人默无言，何自甘良苦？"二女见此人一直纠缠咏诗，便反吟道："我是潭中鲫，暂出溪头食。食罢自还潭，云踪何处觅？"二女吟罢，飘然而去，顿失踪迹。原来这二女是潭中鲫鱼所化之灵秀神女。谢灵运放浪轻薄的行为是自找没趣。这一传说还曾收入《太平广记》中。

美丽的传说赋予了鲫鱼更多美好的内涵和情趣。民间也多认为鲫鱼为灵鱼，可用来治病。诸鱼属火，独鲫鱼属土，有调肠胃之功。李时珍《本草纲目》记有：“主胃弱不下食，调中益五脏。合莼首作羹，主丹石发热。生捣，涂恶核肿毒不散及瘑疮。同小豆捣，涂丹毒。烧灰，和酱汁，涂诸疮十年不瘥者。以猪脂煎灰服，治肠痈。合小豆煮汁服，消水肿……”原来鲫鱼不仅是美味佳肴，还有这么大的药用价值。

鲫鱼不仅可作美食，还很有药用价值，它还是金鱼的祖先。那如锦似绣、婀娜多姿的金鱼是由鲫鱼变成的。那么鲫鱼是怎么变成美丽诱人的金鱼的呢？这主要是由漫长的家化所形成的。鲫鱼经盆养或池养家化以后，在唐代的放生池里银灰色的鲫鱼开始变为红黄色。宋代开始，池鱼又出现金黄色或白花及花斑色。到了明代，鲫鱼由于生活环境的变化，在盆、池中有专门人工喂养，没有了生存竞争的现象，鲫鱼开始发生很大变异，促使金鱼在形体、鳍、鳞片、色素细胞等方面发生不同形式和程度的变化，如体形由梭形变得短圆，鳍变长变软，鳞片变小到没有，游行的速度也变得悠闲缓慢。人们在这些已变异的鲫鱼中又不断地被选择和保留，那些颜色鲜艳、体态优美的鱼再经过家化培养，才成为了金鱼。到了清代人们已有意识地选种、淘汰，并进行定向培育和互相杂交，一代又一代，使金鱼的品种也越来越多。今天金鱼成了世界珍贵的观赏鱼类，我国每年出口金鱼居世界首位，这不能不说是金鱼的祖先——鲫鱼的功劳。

公遣霜鳞贯柳来

逐有水草安家葺

——趣话草鱼

其性舒缓又名鲩

草鱼，顾名思义，就是以食草为主的鱼，是我国普遍养殖的四大淡水家鱼之一。很多地方又称草鱼为鲩鱼、草鲩、油鲩、白鲩、鲜鱼、鰀鱼，草鱼又俗称草根鱼、混子、黑青鱼等。李时珍《本草纲目》中即记有："鲩又音混，郭璞作鲜。其性舒缓，故曰鲩，曰鰀。俗名草鱼，因其食草也。江、闽畜鱼者，以草饲之焉。"清人李元《蠕范·物性》中亦曰："鲜，鲩也，鰀也，草鱼也。似鳟而大，形长身圆。"

草鱼（选自《马骀画宝》）

草鱼是一种生长快、适应性较强的鱼类，现在，在我国各地几乎都有养殖。过去由于我国草鱼不能在池塘、湖泊中自然产卵，而在春末夏初的江河上游产卵，所以，主要是以天然鱼苗来饲养。后经过科学家和水产专家的研究，在解决了人工繁殖技术后，现在已普遍养殖，并成为四大人工养殖家鱼之一。

草鱼形体似鲤，但身体修长，呈圆筒形，背部茶黄色或青黑色，腹部浅白色，头宽平，口无须，眼睛较小，上颌略长于下颌，鳍青灰色，背鳍无硬刺。

草鱼性活泼，游速快，喜成群游泳觅食，常栖息于江河湖塘的中、下层近岸水草丰茂区域，具有河湖洄游习性。在4～5月，其性成熟后，于江河等汇合流水处产卵，而不在静水处产卵。草鱼产卵多在水中进行，不浮露出水面，俗称为“闷产”。草鱼产卵量多达500000～1000000粒，卵产出后不能黏附在水草等物上，只能在水中呈半浮状。卵受精后，卵膜吸水膨胀，便顺水流而孵化，经过30～40小时会孵出鱼苗。产卵后的草鱼和鱼苗开始进入江河湖泊中生活，摄食育肥。

草鱼生长迅速，体长增长最迅速的时期为1～2龄，而体重增长在2～3龄时最为迅速，一般为3～4千克。当到4龄性成熟后，增长就显著减慢，一般在6～7千克。草鱼最大可达40千克。

得草而食拓荒者

草鱼食性简单，主要以食草为主。其鱼苗阶段摄食浮游动物，幼鱼兼食昆虫、蚯蚓、藻类和浮萍等。待体长达到10厘米以上时，完全摄食水生高等植物，其中尤以禾本科植物为多。它所摄食的植物种类会随着生活环境而有所变化。草鱼是中上层食草鱼类，常游弋在水的中层觅食，有时也到水的上层觅食。大草鱼一般不轻易到浅水区，但因它的食量大，在水草少的河塘也被迫到水的底层觅食，故钓鱼者常常在水的底层也能钓到较大的草鱼。

草鱼贪食，食量大，所以力也大。因其能清除水中及沿岸的水草，南方还用养草鱼来开荒除草，所以，人们还美称它为“拓荒者”。在我国唐代末期，在广东、广西就有将荒田筑埂放水后，来放养草鱼1～2年，使荒田变熟田的记载。南方水田区还积累了把草鱼和鲢鱼混养在一起的经验，先投入青草来饲养草鱼，而遗留在水中的饲料残渣和草鱼排出的废渣，经过发酵分解，为细菌繁殖提供了适宜条件，进而产生出浮游生物。这些细菌和浮游生物又是鲢鱼的最好饲料，可以说是一举两得。三国时女诗人蔡琰《胡笳十八拍》诗云：“逐有水草兮安家葺垒。”宋代文人王炎亦有“蛩蛩得草鱼得水”的诗句。还有人写有一首《咏草鱼》七律诗赞云：“方头扁尾腰圆滚，源自中华水草神。沐雨而发情溢腹，逆流而上浪淘金。一生甘做拓荒者，万世终殇赴宴宾。毒胆摘除成孺子，游鳍变腿显牛魂。”该诗基本把草鱼的外形、习性、贡献等都写了出来。

草鱼过去主要是靠自然产卵繁殖。1958 年,我国研究的人工催产、受精孵化技术成功后,草鱼的繁殖生产得到了飞跃发展。现在鱼种、鱼苗来源容易,加之草鱼适应性强,生长快,食性简单,饲料来源广泛,产量高,在湖泊、水库、池塘、河道等都可以放养,现在成为人们主要食鱼种类,并且受到广泛欢迎。

营养丰富味鲜美

草鱼肉质厚嫩,味道鲜美,营养丰富,富含蛋白质、钙、磷、铁和各类微量元素等,备受广大消费者的喜爱。把草鱼洗净后,可红烧、清蒸,或做糖醋鱼、溜鱼片、水煮鱼、麻辣鱼、花椒鱼、豆腐鱼等。

草鱼还有食疗药用价值。因草鱼含有丰富的不饱和脂肪酸和丰富的硒元素,对血液循环有好处。草鱼对那些身体瘦弱、食欲不振的人有开胃滋补作用,尤其适宜于虚劳、风虚头痛、肝阳上亢的高血压、头痛、久疟、心血管类疾病患者。

近年,据专家研究表明,经常食用草鱼还有抗衰老、养颜的功效,而且对防治肿瘤也有一定的作用。特别是把草鱼与豆腐一块煮食,具有补中调胃、利水消肿的功效,对儿童的骨骼生长有特殊作用,可作为冠心病、血脂较高、小儿发育不良、水肿、肺结核、产后乳少等患者最好的食疗美味佳肴。广东民间还用草鱼与油条、蛋、胡椒粉一块蒸,可益眼明目,适合中老年人温补健身。你看,普普通通的草鱼竟有这么多作用。

桃花流水鳜鱼肥
——趣话鳜鱼

“西塞山前白鹭飞,桃花流水鳜鱼肥。”这是唐代诗人张志和在《渔歌子》一词中描写鳜鱼的脍炙人口的名句。词句中写出了鳜鱼的生活习性,是说每年桃花盛开的季节,也正是鳜鱼在江河中最活跃的时期,同时也是它最肥美和产卵的时期。

鳜鱼又称鯚花鱼

鳜鱼又称桂鱼、石桂鱼、罽鱼、水豚、鯚花鱼等。李时珍《本草纲目》云:“鳜,蹶也,其体不能屈曲如僵蹶也。罽,𦃇也,其纹斑如织𦃇也。其味如豚,故名水豚,又名鳜豚。”又曰:“鳜生江湖中,扁形阔腹,大口细鳞,有黑斑。其斑文尤鲜明者为雄,稍晦者为雌。背有鬐鬣刺人。厚皮紧肉,肉中无细刺。有肚能嚼,亦啖小鱼。夏月居石穴,冬月偎泥罧,鱼之沉下者也。”李时珍对鳜鱼的名称、形体、生活习性等均做了一个比较完整的概述。

鳜鱼(选自《马骀画宝》)

鳜鱼为淡水鱼,在我国分布较广,我国江河湖泊都有出产。鳜鱼的外形不同于其他鱼,主要是身上有斑纹,所以称罽鱼。罽,音计,是一种杂色的毛织品,可作衣料,因罽这个字很多人不认识,所以很多地方又叫“鯚花鱼”。其实,就是现在各饭店所称的桂鱼。我国著名现代作家汪曾祺还专门写了篇散文《鳜鱼》,对鳜鱼名称的由来,从文字的字义和字音上做了一番研究和考证,特别是自己对鳜鱼的吃法以及认识写得情趣盎然,内容丰赡。他在文章中写道:“鳜鱼有些地方叫做‘鯚花鱼’,如松花江畔的哈尔滨和我的家乡高邮。北京人则反过来读成‘花鯚’。叫做‘鯚花’是没有讲的。正宗应写成‘罽花’。鳜鱼身上有杂色斑点,大概古代的罽就是这样。不过如果有哪家饭馆里的菜单上写出‘清蒸罽花鱼’,绝大部分顾客一定会不知道这是什么东西。即使写成‘鳜鱼’,有人怕也不认识,很可能念成‘厥鱼’(今音)。我小时候有一位老师教我们张志和的《渔歌子》,‘西塞山前白鹭飞,桃花流水鳜鱼肥’,就把‘鳜鱼’读成了‘厥鱼’。因此,现在很多饭店都写成‘桂鱼’。”关于鳜鱼的吃法，汪曾祺在文中还专门做了很好的、简洁的说明，所以省去了本文不少笔墨，这里为省事，特抄上一段，供大家参考："鳜鱼是非常好吃的……鳜鱼刺少，肉厚。蒜瓣肉。肉细，嫩，鲜。清蒸、干烧、糖醋、做松鼠鱼，皆妙。氽汤，汤白如牛乳，浓而不腻，远胜鸡汤鸭汤。我在淮安曾多次吃过'干炸鲜花鱼'。二尺多长的鳜鱼入大锅滚油干炸，蘸椒盐，吃了令人咋舌。"读了汪先生的描写，真是让人垂涎欲滴。

性格凶猛的武士

鳜鱼身为湖绿银灰色，并缀有错落有致的黑色斑纹，很像迷彩服，在水中忽上忽下，游弋灵敏。它宽嘴大眼，下颌突出，口中有锋利的牙齿。其全身硬棘发达，背上、胸腹部和尾部都长有坚硬的棘刺，简直就是一个凶猛的武士形象。听说它不仅捕食鱼虾，甚至还敢吃比它大很多倍的蛇。它是蛇的克星之一。

凶猛的鳜鱼

有人曾经观察过鳜鱼克胜蛇的战斗。那些水蛇在水中穿行，当看到鳜鱼时，会忽地一下蹿上去，用绳索一样的身躯紧紧地捆缠住鳜鱼，并施展出平时绞杀其他猎物的本领，不断收紧身体，想让猎物不能动而窒息。此时，鳜鱼乖乖地不动声色，似乎毫无反抗能力，随水蛇徐徐地沉到水底。水蛇继续缠紧鳜鱼。过了一会儿，鳜鱼忽地从水下蹿了上来，随着水中冒出一股殷红的血来。鳜鱼蹿上来后，展展身上的棘刺，像是要舒展一下被捆缚的身子，然后又猛地扎入水中。

这是怎么回事呢？原来，当水蛇缠紧鳜鱼后，到了水底，鳜鱼猛地展开身上的棘刺，将蛇刺得满身是血，甚至能把蛇的肚子划开或把蛇刺断，然后它再用锋利的牙齿把蛇撕碎，美美地饱餐一顿。

"春涨江南杨柳湾，鳜鱼泼刺绿波间。"由于鳜鱼凶猛，身上多刺，人们一般捉它时很难捉住，即使捉住了，如不得法，也会被刺得满手是鲜血，它会泼刺一下，乘机逃窜。垂钓者要想钓到鳜鱼，更是不容易。垂钓者根据它喜在激流的地方觅食、有喜吃活食的习性，多在水闸口或放水的水沟处，用小活鱼或小活虾做诱饵，是可以钓到鳜鱼的。鳜鱼的生命力也极强，在它破肚后，掏空内脏，它依然会腾跃，在水中也仍会游去。

火夹鳜鱼味鲜美

鳜鱼肉质细嫩鲜美，味道如豚，所以又称它为水豚或鳜豚。但其无毒，营养丰富，所含钙、磷、钾和蛋白质，比一般鱼要高。如果用鳜鱼煨汤，汁白如奶，妙不可言。所以，高档宴席多喜用鳜鱼。由于鳜鱼营养丰富，民间认为有补虚劳、益脾胃、强气力等功用。古医书张杲的《医说》中也记有：越州邵氏女十八岁，患病痨多年，偶然饮食了鳜鱼羹后，病遂愈。观此，正与补劳、益胃、杀虫之说相符。则仙人刘凭、隐士张志和之嗜此鱼，非无谓也。难怪诗人张志和在《渔歌子》词中云："青箬笠，绿蓑衣，斜风细雨不须归。"他由于爱吃鳜鱼，经常戴着箬竹叶编成的斗笠，披着用草编成的蓑衣，在吹着小风下着细雨的天气中，仍然不舍得回家，只是想多钓几条鳜鱼回去下酒。或邀几位好友，把鳜鱼或蒸或烹或炸，尽享人间美味。

鳜鱼味道鲜美

真是不负有心人。有一天，在斜风细雨中，张志和果然钓上几条鳜鱼。他高兴地邀来几位交往甚密的挚友，并亲自下厨烹制。他想今天一定要做出一个新鲜样来，把腌制过的火腿肉切成片，再把香菇、春笋也切成片，夹入鳜鱼身上的斜刀切口里，然后在鱼身上撒上葱节、姜片，加黄酒、食盐、白糖等佐料后放入蒸笼里蒸。不一会儿，鱼蒸好了，端上桌时，鱼身上显示出红（火腿）、白（笋片）、黑（香菇）三种颜色，十分好看，色、香、味俱全，甚是诱人，别有情趣。朋友们边吃边连连夸赞，问张志和这是一道什么菜？张志和说："这是我刚刚试做的'火夹鳜鱼'。火，即火腿，切成片夹在鱼身上，不知味道如何？""哦，好吃！好吃！真乃美味佳肴。"席间宾主杯觥交错，张志和也乘兴吟出一首《渔歌子》来：

西塞山前白鹭飞，桃花流水鳜鱼肥。
青箬笠，绿蓑衣，斜风细雨不须归。

从此，不仅这首《渔歌子》广为传颂，成为千古绝唱，而且"火夹鳜鱼"这道菜也成为江南的名菜美馔。

细鳞巨口一双鲜
——趣话鲈鱼

秋风斜日鲈鱼乡

大凡各地名物特产总是与名人雅士有着千丝万缕的联系，鲈鱼也不例外。南宋诗人杨万里就是松江鲈鱼的垂青者。他曾有一首《鲈鱼》诗云：

两年三度过垂虹，每过垂虹每雪中。
要与鲈鱼偿旧债，不应张翰独秋风。
买来一尾那嫌少，尚有杯羹慰老穷。
只是莼丝无觅处，仰天大笑笑天公。

诗说诗人为了吃到鲈鱼，竟两年来了三趟松江。本想要买些鲈鱼回去送人偿还旧情债，结果这次来只买到一条鲈鱼。一条就一条吧，也能烹一杯鲜美的鱼羹来安抚我这老没出息的人了。但是又没有寻觅到那炖鲈鱼的莼菜。哈哈，我要笑你天公也有缺憾呀！

杨万里（1127—1206 年），字廷秀，号诚斋，吉州吉水（今江西省吉水县人），出身清寒，宋高宗时中进士，曾任赣州、永州等地地方官,为官清正廉洁。他特别喜欢吃鲈鱼。他在做地方官时,经常到上海松江去买鲈鱼吃。由吃鲈鱼而联想到西晋文人张翰在洛阳为官时,由于不顺心,忽见秋风吹起,思念起家乡的鲈鱼、莼菜,乃慨叹道:“人生贵在适意,怎么能为求取功名官位,而长期客居在外地呢?”于是立即辞官归乡。所以后世常以“秋风鲈鱼”为思乡之典。故宋代陈尧佐《题松陵》诗中有“秋风斜日鲈鱼乡”之诗句。

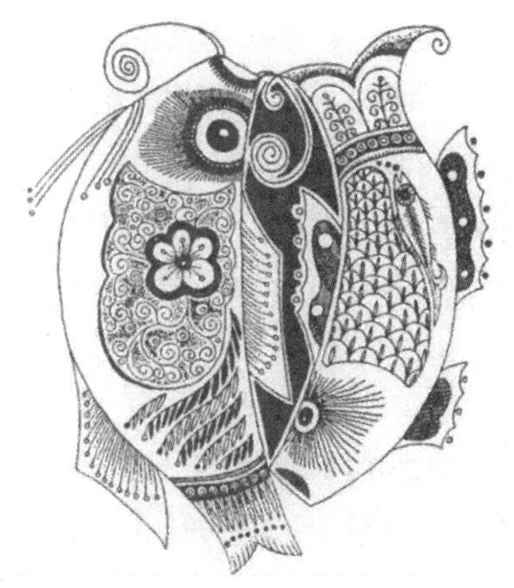

鲈鱼(图案)

鲈出鲈乡芦叶前

鲈鱼以上海松江的最为著名,世人把它与松花江鳜鱼、黄河鲤鱼、兴凯湖白鱼并称为我国四大名鱼。

松江鲈鱼头宽扁,巨口,身呈亚圆筒形,长约 12 厘米,外为黄褐色,带褐色横纹,鳞已退化。最特别的是在它左右两个鳃膜上各有两条朱红色的斜条纹,好像是四片外露的鳃叶,又称为四鳃鲈鱼,也称松江杜父鱼。所以,人们也称松江为鲈乡。

杨万里还专门写有一首《松江鲈鱼》诗赞美云:

鲈出鲈乡芦叶前,垂虹亭上不论钱。
买来玉尺如何短,铸出银梭直是圆。
白质黑章三四点,细鳞巨口一双鲜。
秋风想见真风味,只是春风已迥然。

该诗把鲈鱼的外形特征以及风味都刻画得形象逼真。

松江鲈鱼的确肥嫩鲜美,肉质结实,洁白而无腥味,低脂肪高蛋白,营养丰富,特别是用松江所产的蓴菜、莼菜作羹脍食更美。鲈鱼色白如玉;蓴菜、莼菜黄色如金,故美称为“金齑玉脍”。故苏轼有“金齑玉脍饭炊雪”的诗句。

莼菜是睡莲科水生植物,富含维生素 A、维生素 D 及铁等微量元素,营养丰富,鲜嫩可口。如果与鲈鱼一块脍制作羹,营养更丰富,更鲜美好吃,是一道名菜,称为“鲈鱼脍”,简称为“鲈脍”。唐刘悚《隋唐嘉话》记载隋炀帝游江南的时候,吴郡献上鲈鱼脍后,隋炀帝吃罢大加赞赏:“金齑玉脍,东南之佳味也。”唐代诗人岑参《送张秘书》诗中云:“鲈脍剩堪忆,莼羹殊可餐。”明代诗人黎明表《过范山人双塔寺旅舍》诗云:“燕酒味浓夸薏苡,越乡心断有鲈莼。”

江南三月鲈鱼美

鲈鱼和鳜鱼一样,是人们较喜欢食用的鱼类之一。由于人们对鲈鱼的喜好,民间还流传着一些神异的传说。

三国时,有一次曹操宴请高朋和群臣,山珍海味俱全,宴会很丰盛。但曹操在向众臣祝酒时仍曰:“今日高会,珍馐略备,所少松江鲈鱼耳!”

当时宴会上有一庐江叫左慈的人,会一些神术奇道。等曹操言毕,他应声曰:“此可得也。”他让人端来一铜盆,并贮上水,当着大家的面,他用一根细绳钓于盆中,竟钓出一条活蹦乱跳的大鲈鱼来。宾客皆惊。曹操也拊掌大喜,笑曰:“只有一条,还能再钓出一条吗?”于是,只见左慈又用绳往铜盆内一钓,果真又钓出一条大鲈鱼来。大家更感惊异。这个传说故事曾记于《后汉书·左慈传》和晋代干宝的《搜神记》中。不知是左慈会玩似如今的“座下空手钓鱼”魔术,还是虚构的。但从中可以说明,在古代较高级宴请时不能缺了鲈鱼,不然就会成为一个缺憾。

鲈鱼又名银鲈、玉鲈、真鲈等,体侧扁,巨口,大头,两颌上下长有毛齿,体披细鳞,背苍腹白,体侧及背鳍散布有黑色斑点。明李时珍《本草纲目》中讲得很清楚:“黑色曰卢。此鱼白质黑章,故名。淞人名四鳃鱼。”又云:“鲈出吴中,淞江尤盛,四五月方出。长仅数寸,状微似鳜而色白,有黑点,巨口细鳞,有四鳃。”

“江南三月鲈鱼美。”鲈鱼为浅海近岸鱼种,生性凶猛,主食小鱼虾,喜栖江河口咸淡水交界处和淡水处。每年春末夏初,幼鱼成群结队溯江河进入淡水处生长育肥;秋末和冬季,又汇于江河口产卵繁殖,此时最肥美,故有“秋风斜日鲈鱼香”之说。

鲈鱼虽美,但与鲥鱼、鳜鱼一样,由于其生活条件特殊,人们想要捕捉到新鲜鲈鱼很难。早在宋代时,作为吴县的大文人范仲淹就非常喜欢食鲈鱼，并且亲眼见过家乡渔夫捕鲈鱼时的艰辛和风险。他有一首《江上渔者》，诗中写道："江上往来人，但爱鲈鱼美。君看一叶舟，出没风波里。"诗人把他的家乡人为捕到鲈鱼，驾着小渔船，像漂泊在江上的一片树叶，被风浪掀得忽上忽下，表达了诗人对家乡渔夫的同情。

近些年来，由于江河的污染，加上一些人的过度捕捞，真正野生的鲈鱼几乎绝迹，人们在饭店所吃的鲈鱼均为人工喂养。再加上莼菜、蓴菜等这些野生植物也越来越少，想吃到真正的莼菜脍鲈鱼已成为奢谈。现在鲈鱼已被列为国家保护鱼类。所以说，生态文明建设已成为摆在人们眼前的一项重要任务。

长须公的趣事多
——趣话虾

虾形特异别称多

虾是人们常见的一种水产，也是人们喜食的一款佳肴，还是画家喜爱绘画的一个重要题材。所以，它与人们的生活产生了密切关系。

虾属甲壳节肢水中动物，其形体有很多特征。首先是身体呈长圆筒状，分为头胸部和腹部两个大部分。头胸部被一大甲壳包住，前端向前突出，形成一个像尖刀利刃样的额角。额角两侧有一对带长柄的复眼，可以来回随意转动，用来观察周围的物体。头部有多根触须，是它的感觉器官。其中有一对触须又细又长，甚至比它的身体

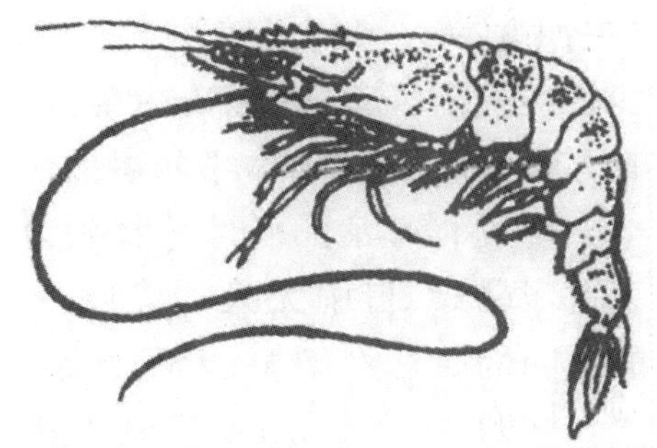
虾有长须

还长。所以,民间戏称它为“长须公公”。清代文人李元所著的《蠕范·物体》一书中曰:“虾,鰝也,魵也。沙虹也。长须公也。朱衣侯也。虎头公也。磔须钺鼻,背有断节,尾有硬鳞,多足好跃,肠属于脑。”李元基本上把虾的别称和特征都说了出来。

虾的腹部也较发达,由七节组成,每节均披有硬背甲,便于向下弯曲。当它遇到敌人侵袭的时候,会用力弓起腰,然后猛地一弹,可以跳出老远老高。这是它的一种防身本身,所以人们又戏称它为“曲身小子”。清代厉荃的《事物异名录》中云,“《事物绀珠》:虾名长须公、虎头公、曲身小子。”又因虾的头胸和腰腹部的甲壳坚硬透明,似水晶般,故人们又拟人化戏称虾为“水晶人”。宋人陶穀的《清异录》中记有:“二三友来访,买得蟹虾具馔语及唐士人逆风至长须国,娶虾女事,坐客谢秉冲曰‘虾女婿岂不好?白角衫裹个水晶人。’满筵无不大笑。”

虾的另一特征是附肢特多,它胸部有附肢 8 对,前面有 3 对用来把持食物,后面 5 对是用来捕食或御敌或爬行用的,其中有一对又大又长,前端还长有一对大钳子。腹部有附肢 6 对,前 5 对主要是用来游泳的;最后一对称为尾肢,与腹部的最后一节合成一个宽大的尾扇,具有舵的功能,用来控制升降、前进和后退。

无肠无肚招为婿

民间多以为虾无肠无肚,并讥称其为“无肠婿”,说这是虾的“三德之一”。其实,虾并不是无肚肠,只是不像别的动物那样消化器官在腹部,而它的肚肠却在头上。这又不得不使人想到宋代大文豪苏轼的《艾子杂说》中所讲的一个传说故事。

传说北海龙王平时为所欲为,称霸四海,甚至宠得女儿也养成了古怪暴躁、目中无人的怪脾气。龙王为了给女儿选婿伤透了脑筋。因为所选女婿要能忍让女儿暴戾怪异的脾气,不会使女儿受气。同时,因龙是水族,选婿当然也必须是水族。

当时有个叫艾子的人,多智多谋。龙王让他帮助选女婿。艾子与龙王商讨说:“大王找女婿,若找鱼类吧,鱼多贪饵,会被人捕,而且又没有手足;若找龟类吧,其貌丑恶,太难看了。只有虾可以。”龙王曰:“虾不太卑下了吗?”艾子回答:“虾有三大美德,一是无肚肠,二是割之无血,三是头上戴得不洁,作龙王的女婿最合适。”龙王同意了。

其实,艾子所言的虾之三德既有弦外之音,又对龙王有讥讽的意味。艾子的言外之意是:这虾婿,无肚肠是说它腹内空空,无物也;割之无血,是指它没有血性;头上戴得不洁,是说它头上扣“屎盆子”也能忍受。这样的女婿是何等龌龊、猥琐、无能!可龙王需要的正是这样的女婿。故事不是真的,内涵却是深邃的,会给人以启迪和教育。

此外,虾的营养丰富,富含蛋白质和磷。其肉味道鲜美,可炸、可煮、可炒、可蒸等,但当它一遇高温就会通体变红,如穿朱衣,所以人们又戏称它为“朱衣侯”。唐代诗人唐彦谦就写有《索虾》诗戏之曰:“鞠躬见汤王,封作朱衣侯。”熟虾民间又称其为“霞”。李时珍《本草纲目》解释曰:“鰕音霞(俗作虾),入汤则红色如霞也。”又曰:“江湖出者大而色白,溪池出者小而色青。皆磔须钺鼻,背有断节,尾有硬鳞,多足而好跃,其肠属脑,其子在腹外。”从以上虾的这些别称趣名中,我们可以形象地看到虾的奇异特征。

资源丰富品种多

我国虾类资源极为丰富,有 400 余种,分为海产的咸水虾和内陆产的淡水虾。海产的主要有对虾、龙虾、毛虾等;淡水产的主要是白虾、麻虾等。但是,虾绝大多数为海产,淡水产量较少。李时珍曾按虾的体色、粗细、时节等来分为:“米虾、糠虾,以精粗名也;青虾、白虾以色名也;梅虾,以梅雨时有也;泥虾、海虾,以出产名也。”

对虾是我国重要的海珍之一,久负盛名。可能很多人会认为,对虾是一雌一雄,形影不离才叫对虾,实际上,这是一种错误想法。因为在我国北方的市场上,多少年来,人们总是习惯不分雌雄而以两两成对为单位来计价。并且渔民们很早也是按“对”来统计每次的捕获量。长此以往,“对虾”的名称也就沿袭了下来。在分类学上,人们多称它为中国对虾或东方对虾。对虾因为形体较大,约有 20 厘米长,体重可达 60 ~ 80 克,雌虾大于雄虾,因体呈蓝色和褐色,渔民们称其为青虾。雄虾为黄褐色,称为黄虾,主要产于我国的

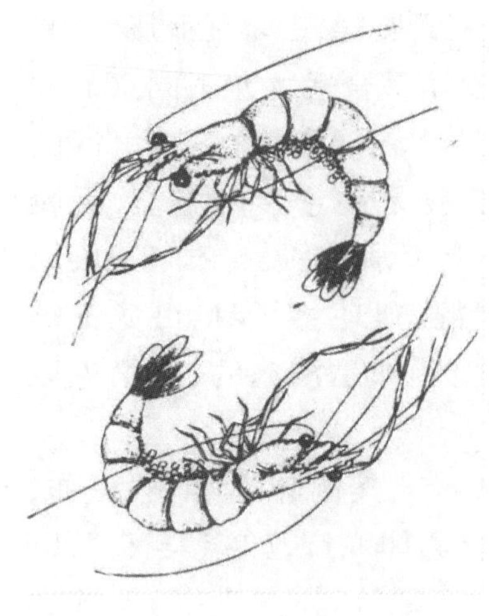

对　虾

黄海、渤海和南海，品种达五六十种之多。清人刘恂《岭表异录》云："闽中有五色虾，亦长尺余，彼人两两干之，谓之对虾，以充上馔。"

对虾生活在浅海海底，潜伏在泥沙里，只露出两个大眼和六条触须，夜晚缓慢地在中下层水中活动。对虾是一种洄游性虾类，每年夏、秋两季都会成群地在渤海里生活和繁殖。到了秋末冬初，北方的水温开始下降，它们又成群结队地游到济州岛西南水温较高的黄海区过冬。第二年 3 月，等气候转暖，它们又开始成群洄游。到 5 月的夏初，又返回渤海沿岸，在一起生儿育女。对虾大约在几个月的时间内，要完成 2000 多公里的远途迁徙旅行，确非易事。由于行程太远，每当它们产完卵后，已经筋疲力尽，大部分便会死亡。它们的后代基本上仍旧沿着它们的祖先所游过的路线，往返于黄海、渤海之间。它们就是这样年复一年，世代相继。

龙虾因其形体较大，身呈橄榄绿色，又有虾王之称。它体长可达 30 厘米左右，一般重达 500 克以上，大者可达 4000 ~ 5000 克。其身披坚硬甲壳，头顶有尖锐的棘刺，看上去模样很凶猛厉害。其实它很笨拙，行动缓慢，是个纸老虎。龙虾有 8 个品种，主要产于我国的福建、浙江、广东沿海和台湾的浅海区，也是我国的海珍产品之一。

毛虾又称米虾、小虾、麻虾，形体小，肉少皮薄，一般只有 20 ~ 30 毫米大小。身体侧扁透明，多生长于我国东部沿海近岸浅水区，内地塘河淡水区也有这种小虾。人们多用网把毛虾捞上来后直接晒干，有的或稍用盐煮

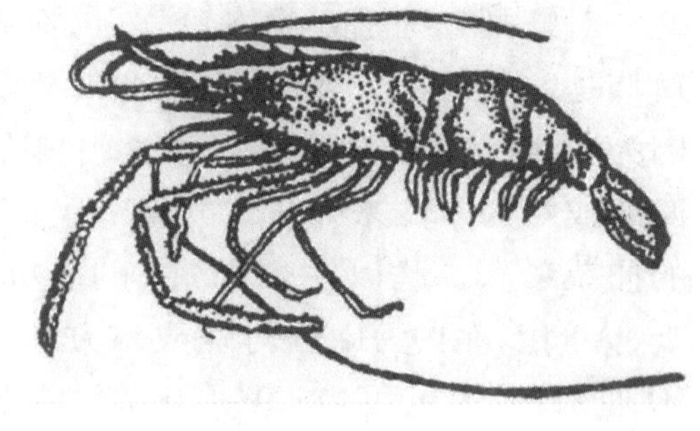

龙　虾

后晒干，成为虾皮，或做汤，或与别的菜一起炒食。其含钙量高，价格低廉，深受欢迎。

白虾和青虾，是从虾的外壳颜色来区分的。白虾有透明甲壳，和别的虾不一样的是，它煮熟了不会变红，还是白色。青虾外壳白里透出青色，其形体大小都差不多，一般有 6～8 厘米长，大者可达 10 厘米，重约 40 余克，壳薄肉多，多生长于我国近岸浅海区和内陆淡水江河湖塘中，产量高，是重要的经济虾类，现在也多为淡水人工养殖，其肉质鲜嫩，不论炸、炒、煮均鲜美。

长须国驸马趣事

虾是人们常见常食的美味，与人们关系密切，所以民间也流传有很多有关虾的趣闻逸事。在唐代段成式《酉阳杂俎》中就记有一则长须国招驸马的神奇故事。

唐代时有一位书生随新罗国的使者出海时遇台风，被吹到一个奇怪的海岛上。那岛上的人无论男女都长有长胡子。书生一问，这里是长须国。

书生在长须国倒也受到欢迎和尊敬。一天，忽然一辆马车来到书生面前，从车上走下一位使者说，奉国王之令，来请书生到宫中做客。书生随使者来到宫殿，见到国王后立即叩拜。国王很客气地让他起身，并说要招他为驸马。

书生见了公主，公主长得倒也漂亮，就是不该下巴上长了几根胡须。事已至此，书生也不敢多言。在一次朝廷所有的嫔妃、宫女都参加的宴会上，书生见到这些嫔妃和宫女也都长有胡须，便吟诗一首："花无蕊妍，女无须亦丑。丈人试遣总无，未必不如总有。"国王听后也未在意。

光阴荏苒，书生在长须国过了十多年，并有了一双儿女，日子过得倒也安乐。忽然有一天，国王非常惊恐地对书生说："现在我国有难，祸在旦夕，只有贤婿方能救我国难。请贤婿去见东海龙王，求他不要灭我长须国。"书生听后道："只要能救国难，小婿死不足惜！"国王大喜，立即命令准备船只，并派两位使者陪同前往。

书生乘船来到东海谒见龙王，龙王见了书生立即下殿迎接。问

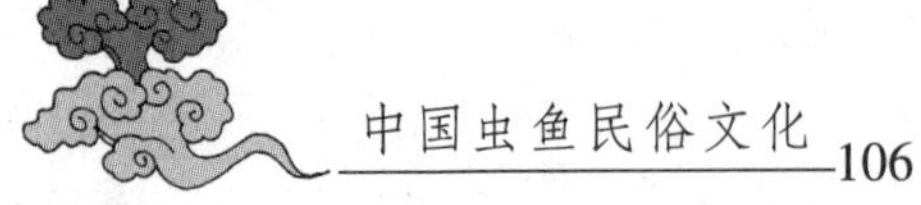

了书生来意，书生便将长须国国王之意说了一遍。龙王说："恩公来此，此小事不必挂齿！朕早欲报救命之恩。"书生惊诧不已，问："大王何言救命之恩？"龙王拈须倾首道："恩公难道忘了十五年前长安街头你买放的那条红鲤鱼吗？"

"你是红鲤鱼？"

"是啊！当年，由于朕久慕大唐风物，只身前往，不小心在渭水撞入网中，不是恩公慈心解囊买放，此命早已……"

"噢，原来大王就是当年的那条红鲤鱼呀?!"书生惊讶地说。

龙王立即命令上酒馔，与书生对饮起来。龙王道："恩公所言，当是海厨缸中所放之虾，是我等所食之物。"

酒毕，龙王领书生来到海厨，只见几十口大缸中果真装有不少大虾。其中一口缸中放有五六只虾，最大的虾王见了龙王和书生，立即跃起，躬身似在求救。书生一见，不觉悲泣泪下。龙王忙说："恩公不必伤心，朕让手下立即放了它们便是。"

放走了虾王一族，龙王又热情款待书生几日，书生决意要回，龙王只好送书生回国。书生乘上船，正在航行，只见海面上几人在掩面向他挥手致谢。书生一看，为首一位正是长须国的虾王，后面紧跟着公主等人。

这正是，善有善报，有恩必报。

蝉眼龟形脚似珠

——趣话螃蟹

螃蟹横行称介士

一提到螃蟹，它那又丑又怪又凶的形象立即浮现在人们眼前。你看它没头没尾，似方若圆，扁扁的躯体上披着硬壳，两只复眼似蝉目突柄怒睁；再把四对脚踮起来，悬着身子，两只如钳似剪的大螯子高举着，似要与谁决斗一样；走动时横向斜行，目空一切，索索有声，总给人一副离经叛道、凶恶狰狞的面目，难怪古人叫它“横行介士”“横行公子”。李时珍《本草纲目》中云：“按傅肱蟹谱云：蟹，水虫也，故字从虫。亦鱼属也，故古文从鱼。以其横行，则曰螃蟹。以其行声，则曰郭索。以其外骨，则曰介士。以其内空，则曰无肠。”

螃　蟹

蟹类甚多，可以说是个大家族，世界上大约有6000种，我国约有600种之多。蟹类以海蟹居多，各具特征：有形似织布梭子，最善游的梭子蟹；有最善攀爬的椰子蟹，可爬到椰子树上食椰子；有最健跳的沙蟹，在沙中爬行，每秒可达5米；有最大的堪察加蟹，可重达5～7千克；有最小的豆蟹，身小仅有豌豆粒大……这里我们主要介绍的是我国所独有的中华绒螯蟹。

不吃螃蟹辜负腹

中华绒螯蟹又称大闸蟹、河蟹、毛蟹、清水蟹等。因它们的两只大螯长有细密的金黄短绒毛，故称绒螯蟹，是我国特有的一种淡水蟹，所以特称中华绒螯蟹。在我国东部沿海各省凡通海的江河下游各地均有它的踪迹。尤其是以长江水系的浙江、江苏、上海、安徽一带的大闸蟹质量最优。由于这里的气候温和，水草丰茂，食料丰富，所以这里的螃蟹金爪、黄足、白肚、青背，个体较大，肉质鲜美，黄多油丰，营养丰富，美味可口。据检测分析，蟹肉中所含蛋白质占85%，比鱼肉和猪肉高5倍多。此外，还含人体所需的各种维生素、矿物质、碳水化合物、氨基酸、钙磷钾等微量元素。故有人称螃蟹为“四美味”：大腿肉味美如干贝；小腿肉味美如银鱼；蟹身肉味美胜白鱼；蟹黄肉味美胜河豚。难怪有人把螃蟹与海参、鲍鱼誉为“水产三珍”，并有“一蟹上桌百味淡”之说。更有诗人赞曰：“不是阳澄湖蟹好，此生何必住苏州。”“不到庐山辜负目，不食螃蟹辜负腹。”

中华绒螯蟹是自然界中奇特的洄游类动物。追溯它的祖先，原来也是生活在海洋中，后来有一支蟹类顺江往上游弋到内陆的淡水中，觉得这里的生活环境和饮食非常舒适，便居住了下来，年复一年，代复一代，就形成了一个独特的品种。每年春暖花开时，它们成群结队来到淡水的江河中索饵生活。幼蟹和成蟹多喜在淡水中的泥岸或砾石、河滩、水草中过栖居穴住生活。

中华绒螯蟹掘穴能力特强，主要用它的第一对螯足，其余足辅助，短则几分钟，长则数小时，就可以掘成一穴。在内陆的淡水中，它们长大了，养肥了，成熟了。到了秋冬季节，它们离开穴居的洞穴，又成群结队地洄游到浅海处交配繁殖。正如谚语所言："秋风吹，返故居。""秋风响，蟹脚痒。"就是指的螃蟹这种洄游生殖现象。所以，在江浙一带，人们掌握了螃蟹的这种洄游规律，每到螃蟹洄游季节，便用竹子编成的像栅栏一样的帘子挡于闸口，拦住螃蟹洄游迁居的去路，借以捕获之。所以，人们称这种蟹为大闸蟹。

由于大闸蟹营养丰富，鲜美可口，近年来，人工围网养殖、池塘稻田养殖、荡滩浅水养殖等得到长足发展。甚至在中国中部和西部也都大量养殖，成为增产增收、发家致富的开发项目，并且出洋过海，远输海外。前几年，欧洲一些国家引进后，由于生态失衡，大闸蟹繁殖快，泛滥成灾。2012 年，德国江河到处都是大闸蟹，被人们捉到后都卖给中国餐馆做菜用。

蟹肥暂擘馋涎堕

说起吃螃蟹，人们很自然想到鲁迅先生的一句话："第一次吃螃蟹的人是很可佩服的，不是勇士谁敢去吃它。"谁是第一个吃螃蟹的勇士，恐怕很难考证。不过，我国人民喜爱吃螃蟹，把它当作珍品由来已久，大概已有 3000 多年历史。在《周礼》中，就记有周天子的餐桌上已有"蟹胥"。蟹胥，即蟹酱，是用蟹肉捣烂后所做成的酱。蟹酱何种味道？梁实秋先生在其散文《蟹》中有记叙："蟹胥，俗名为蟹酱，这是我国古已有之的美味。《周礼·天官·庖人》注：'青州之蟹胥。'青州在山东，我在山东住过，却不曾吃过青州蟹胥，但是我有一位家在芜湖的同学，他从家乡带来一小坛蟹酱给我。打开坛子，黄澄澄的蟹油一层，香气扑鼻。一碗阳春面，加进一两匙蟹酱，岂止是'清水变鸡汤'？"

蟹是美味，人人喜爱。但吃螃蟹有多种吃法，很讲技巧。宋代，就已有人写出食蟹的专著《蟹谱》。食蟹之法有炒蟹、炸蟹、烤蟹、煮蟹等。但食蟹一般是指河蟹。不失原味的唯一方法是放在蒸笼中整只蒸者为好。一旦那丑怪凶煞的螃蟹蒸熟,端上餐桌,就变成一盘散发着异香和玛瑙般橘红的美食,顿时会让你"蟹肥暂擘馋涎堕"。当你打开它的背壳,可见那金黄色的蟹黄,白玉般的蟹肉,水晶样的膏,乌黑的膜,简直就是一个锦绣填胸的百宝箱,会让你垂涎欲滴。吃蟹时,那种且嫩而鲜美,且甘而不腻的至鲜至美,使你会感到虽八珍亦不及,乃百菜亦无与伦比,一切都会寡然失味,真乃是"薄诸般之海错,鄙一切之山珍"。

螃蟹真是一种独具魅力的美食,难怪历代诗人食蟹、咏蟹、赞蟹。唐代诗人皮日休有《咏螃蟹呈浙西从事》诗曰:

未游沧海早知名,有骨还从肉上生。
莫道无心畏雷电,海龙王处也横行。

诗写诗人在还没有到海边就早听说了螃蟹的大名,它有肉外生骨、骨里长肉的特性。不要说它没有心肺而害怕雷电,即使在海龙王那里也一样敢于横行。诗人通过写螃蟹的傲骨,不畏权势,表达了诗人对朋友敢于抗争黑暗势力精神的赞扬。唐代大诗人白居易亦有《和微之春日投简阳明洞天五十韵》诗云:"乡味珍蟛蚏,时鲜贵鹧鸪。"蟛蚏,即蟹之异称,或称蟛蜞。宋代文学家、书法家黄庭坚在《谢何十三送蟹》诗中云:"形模虽入妇人笑,风味可解壮士颜。"另有诗赞曰:"一腹金相玉质,两螯明月秋江。"南宋爱国诗人陆游则吟道:"蟹肥暂擘馋涎堕,酒绿初倾老眼明。"诗人晚年就是以蟹佐酒,以之为人生之乐。明代诗人、画家徐渭有《题画蟹》诗云:"谁将画蟹托题诗,正是秋深稻熟时。"我们敬爱的周总理在青年时代读书时也写下"扪虱倾谈惊四座,持螯下酒话当年"来抒发他的凌云壮志。

横行公子却无肠

由于螃蟹长相丑恶,披甲执锐,性情贪婪凶狠,横行霸道,所以又遭人厌恶、唾弃、咒骂。我们从民间给它起的这些别号就可看出端倪。古人戏称蟹为"无肠公子""横行公子""横行将军""横行介士”。晋代葛洪《抱朴子》中曰:“称无肠公子者,蟹也。”其实,螃蟹是有肠的,位于腹部内壁。但历代文人沿袭古人说法,无非是说它没有心肠而已。《红楼梦》第三十八回中贾宝玉写的“饕餮王孙应有酒,横行公子竟无肠”,就是唾骂螃蟹的。

螃蟹(选自《马骀画宝》)

螃蟹横行,也是不得已的。科学家考证研究发现,它的老祖宗并不是横行的。后来由于受地球磁场的变化,使其第一对触角里的几颗用于定向的小磁粒失去了原来类似指南针的定向作用,才不得不横行的。所以,它的子孙后代都横行起来。另外,它也是为了减少水的阻力而横行。还有人根据它横行时用口不停吐沫,发出“郭索郭索”的行走声,戏称它为“郭索”“郭先生”。

此外,因雌蟹脐团,称“团脐”,雄蟹脐尖称“尖脐”,还以“尖团”或“团尖”称蟹。宋诗人苏轼即有“堪笑吴兴馋太守,一诗换得两尖团”。还因蟹腹中多蟹黄,故戏称为“多黄慰”“含黄伯”和“夹舌虫”。宋人陶縠《清异录》云:“卢绛从弟纯,以蟹肉为一品膏。尝曰:‘四方之味,当许含黄伯为第一。’后因食二螯夹伤其舌,血流盈襟,绛自是戏呼蟹为夹舌虫。”当然,蟹的这些别称主要是根据其特征起的。

还由于螃蟹贪婪凶狠,横行霸道,更引起历史诗人的厌恶和讽刺,他们写下大量诗词来以蟹喻恶人、奸臣。东汉的董卓,阴谋篡权,专断朝政,横行霸道,为所欲为,后来被杀,暴尸于市,被人燃火焚烧。苏东坡在诗中写:“衣中甲厚有何恨,坞里金多退足凭。毕竟英雄谁得似?脐脂自照不须灯。”是以螃蟹剖开肚脐,插上灯芯,满腹的油脂做了灯油来借喻讽刺董卓被焚烧的惨局。

在宋徽宗赵佶时代，朱勔主侍“应奉局”，他与儿子勾结在一起，专事搜罗奇花异石供皇帝玩赏，残酷剥削压榨百姓，弄得很多人家破人亡。当时有人作诗讥斥云：“水清讵免双螯黑，秋老难逃一背红。”就是以蟹被煮——“背红”为喻，来诅咒朱勔父子落个鼎烹锅煮的可耻下场，真是罪有应得。

无独有偶，明朝奸臣严嵩（字介溪），官至太师，操纵国事，培植爪牙，私吞军粮，残害忠良，江南父老无不切齿痛恨。当时民间流行一首歌谣：“可恨严介溪，作事忒心欺；常将冷眼观螃蟹，看你横行到几时？”这也是以螃蟹为喻，来讥讽、鄙视严嵩的。明代诗人王世贞，为人正直，他对严嵩父子的罪恶，深恶痛绝，也写下一首诗：“喹喋红蓼根，双螯利于手。横行能几时，终当堕人口。”诗人咏物寄情，以蟹为喻，表现了对严嵩父子及一些恶势力的痛恨和嘲讽，斥责了这些坏人，看你们能横行多久呢？

螃蟹味美但性寒

螃蟹虽然味道鲜美，但其性寒，不宜多吃。一般人们食蟹时多佐以姜、葱、蒜、酒等发热之物，不仅可以杀腥助味，而且起到中和蟹的凉性作用。正如清代诗人曹雪芹的《螃蟹咏》诗中所言：“酒未敌腥还用菊，性防积冷定须姜。”

食蟹时还要注意卫生，防止中毒。因为螃蟹喜食动物尸体，其腹内易含有各种有毒物质和致病细菌。而且蟹的肠壁很薄，死后肠里的细菌很快便会使肉质腐烂发臭，产生毒素，人食之极易中毒。又因蟹体内往往寄生着肺吸虫幼虫，如误食未煮熟的蟹，很容易感染肺吸虫病。因此，食螃蟹一定选鲜活的，要仔细洗干净，洗净蟹胃、肠、鳃等，更要煮熟煮透，再蘸醋和葱、姜、蒜等一起，即熟即吃。正如李时珍在《本草纲目》中云：“诸蟹性皆冷，亦无甚毒，为蝑最良。鲜蟹和以姜、醋，侑以醇酒，咀黄持螯，略赏风味，何毒之有？”

酌酒持螯看菊花

在古代，人们食蟹是很讲究意境的。当秋深、菊瘦、蟹肥之时，人们持螯、把盏、赏菊，已成为人生的一种幽雅休闲的乐趣和享受，也成为历代文人墨客的风雅之事。

酌酒持蟹看菊花

每年，深秋冬初，重阳节前后的霜降时节，正是螃蟹成熟期。此时的螃蟹肥大壮实，壳凸脂红，蟹黄满甲，仓仓满肉，最为肥嫩鲜美。恰值此时，又值菊花初放。菊花是一种“发在林凋后，繁当露冷时”的不畏严寒的花卉，与螃蟹成熟季节正好同时，巧结良缘。

菊黄蟹肥，持螯赏菊。有蟹有菊无酒，那还是要大煞风景的。螃蟹是人们激赏的美味佳肴，菊花是人们喜爱的美丽花卉，醇酒可以让人们寄情忘忧，三种美物结合，便发生了质变、产生了正能量，又产生了诗，产生了文，产生了画。难怪，“采菊东篱下”的陶潜先生，发出了“一只蟹，一瓮酒，观看东篱菊，便足了一生矣”的慨叹。这确是人生一大美事，故历代文人墨客追慕之，景仰之，并写下大量诗词留存于世：“何妨夜压黄花酒，笑掰霜螯紫蟹肥。”“酌酒持螯看菊花，一首诗成酒一斗。”“菊报

陶渊明采菊东篱下

酒初熟，橙催蟹又肥。”当我们读到这些至今香人齿颊的咏蟹和菊、酒的诗，感受到的不仅仅是一种人生享受，一种生活幸福，更是一种生活态度和文化气息。正如古人所云：“不是桂菊蟹，如何能好秋。”秋天，如果没有蟹，没有菊，能算上一个好的秋天吗？可能有人会说，没有蟹，没有菊，我们依然能生活。秋天，没有菊，没有蟹，依然是秋天。可是这秋天就少了颜色、花香和美味。其实，持蟹、赏菊是一种乐事，一种乡情，一种亲情，也是一种文化，一种人生。不必过于去较真，拗劲。这里不妨给你讲一段动人的故事。大家都知道江苏阳澄湖的昆山大闸蟹最著名，这个传说故事就发生在那里。

相传，古时候，昆山有个穷书生要去苏州赶考，他的妻子也随伴而行。他们坐船行在阳澄湖上时，忽然狂风大作，波涛汹涌，船被吹翻。恰巧，不远处飘来一叶小舟，这只小舟只能坐上一人。生死关头，他俩互相推让，他妻子终因体力不支，昏了过去。他把妻子托上了小舟，书生渐渐沉了下去。小舟随风飘到湖边，醒过来的妻子见丈夫被淹死，痛不欲生，自尽于岸边，变成了一株菊花。沉入湖中的书生变成了一只螃蟹。从此，每逢金秋时节，明月当空，蟹就爬到菊花旁边相依偎。为了纪念他们，人们便在阳澄湖边盖了一座蟹菊楼。美丽的传说，动人的故事，把菊花与蟹紧密地联系在一起。这当然是人们的一种美好意愿，同时也是对中国情爱文化的一种善解。

神龟长寿为灵物

——趣话乌龟

古今视龟不一样

说起乌龟，人们立即就会想到它的一个不太雅观的俗名“王八”。为什么乌龟又称“王八”呢？这是有来由的。《史记·龟策列传》载有八种名龟：一曰“北斗龟”，二曰“南辰龟”，三曰“五星龟”，四曰“八风龟”，五曰“二十八宿龟”，六曰“日月龟”，七曰“九州龟”，八曰“玉龟”。并云：“王者得之，长有天下，四夷宾服。”所谓“王八”，乃即为“王者八龟”之简称也，后来便作为龟的别称。原来“王八”之名，还有这么深的文化内涵和意蕴，竟与日月星宿、天地之象等有密切关系。难怪古人视此物为神龟灵物。

另据传，龟在古代先民的心目中，确是一种具有灵性、能传递天意的神物。早在鲧系氏族部落时，龟即作为图腾崇拜物，受到先民们的崇敬和信仰了。明代医学家李时珍在《本草纲目》中也称，在水之龟曰“宝龟”“神龟”；在山之龟曰“灵龟”“筮龟”。并云：“甲虫三百六十，而神龟为之长。龟形象离，其神在坎。上隆而文以法天，下平而理以法地。背阴向阳，蛇头龙颈。外骨内肉，肠属于首，通运任脉。广肩大腰，卵生思抱，其息以耳。”可见，龟在古人眼里确是神灵之物，与天地日月均有联系。然而，龟在现代人的眼里却是个其貌不扬的丑物，它身套隆起的壳甲，像个“罗锅”；缓慢爬行，像个老者，没有一点朝气；浑身灰黑，人们讥称它为“玄夫”；再加上它胆小怕事，有点动静就把头缩进龟壳里，又落了个“缩头乌龟”的丑名。

乌龟是个大家族

乌龟是个大家族，种类较多：海里有海龟、玳瑁龟；山上有秦龟、灵龟；江河湖泊有泥龟、金龟（又名金钱龟）、中华花龟、绿毛龟等。但不管哪种龟，它们的外貌和生活习性都有许多共同之处。它们主要是以小鱼、小虾、螺、昆虫和水草为食。最奇特的是乌龟体内有个副膀胱，能够帮助回收水分，减少体内水分的消耗和损失，所以，它耐旱。

乌龟还是个大懒汉，特别能睡。冬天它就在泥土中冬眠，即使夏天，它每天也会睡眠 12 小时以上。有人统计过，乌龟一生七分之四的时间是在睡眠中度过的。乌龟长寿，这可能与它能睡有关系。因为乌龟爱睡觉不消耗体能，新陈代谢也慢得多。在沈阳有人挖房基时，50 多年前埋下的乌龟仍还活着。你看它，一觉睡了 50 年，够长的了。

乌龟繁殖产卵也很有趣。它多在水边沙地产蛋，每次产 5 ~ 10

个。产蛋时先用前脚挖个穴，然后把蛋产在穴中，再用沙土把穴复平，让人不易发现。乌龟产蛋后从不孵蛋，而是借阳光的照射来孵化。刚出生的小乌龟不用父母照顾，自己一出世就会爬行，独立生活了。

乌　龟

在诸类龟中，数绿毛龟最享盛名，具有观赏价值。因为它身披绿毛，人们美称它为“绿衣使者”。绿毛龟可家养，洁白的瓷缸里，它在水中缓缓游动，飘柔的绿毛随水微微摆拂，像一块活的翡翠，充满着勃勃生机，的确趣味盎然，赏心悦目。

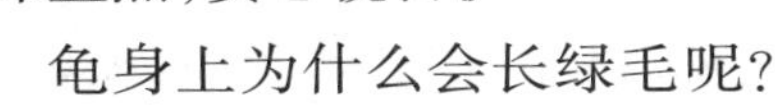
龟身上为什么会长绿毛呢？原来是这种龟生活在温暖的水里，水中的丝状绿藻释放出的孢子，黏附在龟壳上，于是就形成了绿毛。现在人们为了使绿毛龟更好看，根据这种自然现象开始了人工培育绿毛龟。在人工培育控制下的绿毛龟，绿毛又长又密，可达 10 多厘米长，把整个龟背甚至四个爪子都可覆盖，这比自然生长的绿毛更加美丽漂亮，楚楚动人。绿毛龟深受人们的青睐，已成为最受欢迎的宠物之一。

龟在古代确有很高的地位。首先，古人把它与龙、凤、麒麟并列，称为“四灵”，并崇拜和信仰。“四灵”中其他三物均为人们虚构而塑造的神灵之物，而乌龟是唯一自然界中实际存在的动物，可见龟在古代先民心中的地位是何等重要。

神龟万年寓长寿

古代龟之所以能列入“四灵”，成为神灵之物，首先是因为它长寿。任昉《述异记》云：“龟，千年生毛，寿五千年谓之神龟；万年曰灵龟。”《开元占经》卷一百二引《瑞应图》曰：“虚龟似鳖而长，合

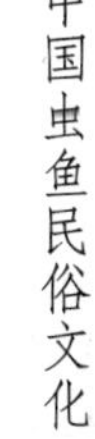

五行之精，三百岁游于藕叶之上，千岁游于蒲上进一尺二寸。”曹操有《龟虽寿》诗云：“神龟虽寿，犹有竟时。”意思是说，神龟虽然长寿，可是也会死。

中国人的生命礼俗文化认为：六十岁称花甲，七十岁称古稀，八十岁叫耄，九十岁称耋，百岁叫期颐，百岁以上统称龟龄。所以民间给先辈拜寿都祈望老人有龟龄。旧时民间还喜欢将小孩以龟取名为“龟子”，也有取谐音“贵子”之意。给小孩剃头时也剃成龟头，即上面留一片头发似龟壳形，后脑留一条小辫子像龟尾，寓意孩子能长命百岁，寿长如龟。这是人类追求生命旺盛，祈求子孙长命的一种美好愿望。由于龟长寿，明、清皇帝殿前都安放有铜龟铜鹤，以象征天子长寿，国运长久。

乌龟为什么会长寿呢？医学家和动物解剖学家研究发现，龟的心脏功能很强，他们把龟的心脏从体内取出后，它又整整跳动两天。仅仅由于心脏的作用也不可能这么长寿，这还与它行动迟缓，新陈代谢缓慢有关。特别是它不动时，耗氧量极低。另外，与它的耐饥耐旱的生理特性也有关系。现代科学家仍在研究龟的长寿秘密，一旦龟的长寿秘密被揭开，会对人的寿命增长有很大帮助。

神龟长寿，古代先民都把它作为吉祥物来信仰、崇拜，喜欢把生活中很多神圣、美好的事物都与龟联系起来，并以龟命名。如把对祖宗神明的祭祀称“龟祭”；祭祀时所用酒器称“龟筮”；城池坚固称“龟城”；古代算数称“龟算”；钱币称“龟贝”；龟背的纹理称“龟文”；《河图洛书》中的《河图》为“龙图”，《洛书》称“龟书”；道教练气功称“龟息”；象征帝位的鼎称“龟鼎”；贵官的服饰称“龟紫”；系在官印上的绸带称“龟绶”；罢官称“解龟”；甚至招女婿也喜欢招高官的“金龟婿”。周代，还有一种称“龟人”的官，就是专门负责皇上祭祀时奉龟以往的官员。战国时，大将的旗帜以龟为饰，有“前列先知”的意思，令中军以龟为号。

另外，我们在很多古代陵墓和寺庙中可看到，不少石碑的碑座都是一只大石龟。相传其为玉龙所生九子之一，因喜爱负重，所以称“龟趺”，企求借助它的神灵达到千古永存，永垂不朽。唐代时还有很多人以龟来命名，如李龟年、陆龟蒙等。

但是，到了宋代，龟的名声渐渐不大好了，可是很多文人墨客仍崇仰称颂龟。宋梅尧臣就写有一首《龟》诗赞云："王府有宝龟，名存骨未朽。"宋诗人苏轼《莲龟》诗云："半脱莲房露压欹，绿荷深处有游龟。"宋李之仪《荷叶龟》诗云："翠盖相扶两不欹，多情独许见阳龟。"

宋代文人陆游还认为龟有"寿、贵、闲"三义，晚年仍自号龟堂。宋以降，至元、明、清，龟的声誉一代不如一代，后来成了漫骂贬损、揶揄嘲弄之词。如民间把开妓院的人称"乌龟"，骂人为"龟孙"等，从此龟蒙受到不白之辱。

龟为灵物蕴意深

龟为灵物，在古代蕴含有很多深厚的、神秘莫测的文化内涵。古人认为龟为万物之先，能上知天道，下察祸福，有先知之神灵，所以用以占卜。《淮南子》云："必问吉凶于龟者，以其历岁久矣。"是说用龟来占卜吉凶，历史已经很久远了。可见，从远古以来，龟就被当成是天意垂降的神灵之物。

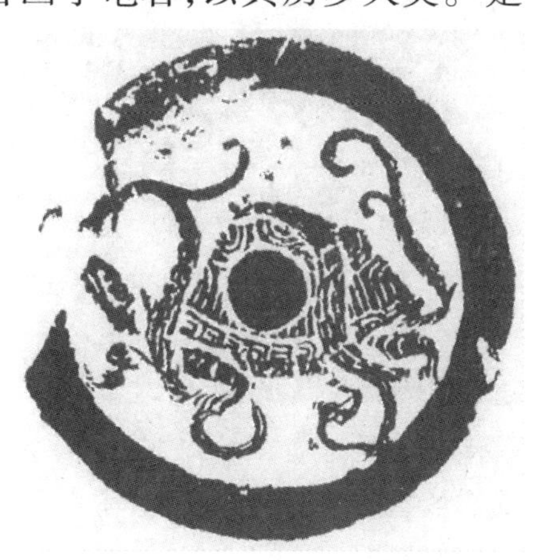
神龟(瓦当)

龟为神灵之物，古人以龟壳占卜，谓能知吉凶，显灵验，故美称它为玉灵。唐代诗人韦应物《鼋头山神女歌》云："红蕖绿苹芳意多，玉灵荡漾凌清波。"诗中的玉灵，即指龟。因龟甲可占卜，古人还雅称它为"通幽博士""神使""先知君"等。唐人冯贽《云仙杂记 · 无肠公子》有："蟹曰无肠公子，龟曰先知君。"

神龟古作吉祥物

龟为神灵之物，古人也一直把它当作吉祥物，并赋予其丰富的文化内涵。古人还认为龟传递天意，垂祥降瑞，扶持正义，审于刑德，是天帝的使者，所以得到先民的崇拜和信仰，一直把它当作吉祥物。传说龟曾向伏羲献太极八卦，而统治天下，造福黎民；龟向黄帝献作战八卦图，黄帝在九战九败之后，终于战败蚩尤，使天下太平；龟助大禹治水，大禹方克服艰险，疏通河道，消除水患；龟负洛书，还助大禹制九类法则，治理天下；龟示商汤讨伐昏君夏桀，统一天下，建立商朝；龟助周公制定治理国家法典《周礼》；还传说龟助仓颉创造汉字；等等。这些均说明龟是正义、和善的化身，为人类造福谋利，也更增添了吉祥的意蕴。

古代把龟蛇合在一起称“玄武”

龟还具有旺盛的生命力，能耐饥渴，不食不饮，寿命长，安安静静，平平和和，不争不抢，俨然一位仁厚长者。根据龟的这些生物特征，佛教以此作喻，启发僧徒，要与世无争，自藏六根。《阿舍经》云：“佛告诸比丘：‘当如龟藏六，自藏六根，魔不得便。’”

古代把龟作为吉祥物，常把它与蛇合在一起称“玄武”，有捍卫避让之意。古人认为龟甲坚硬，遇敌时用甲护之；蛇因无甲，见敌避之。所以古代军队在旗帜上常会有此两物。《宋史·兵志》云：“战国时，大将之旗以龟为饰，盖取前列先知之义，令中军亦宜以龟为号。其八队旗，别绘天、地、风、云、龙、虎、鸟、蛇。”

“玄武”还是道教创造的神，位于北方。道教又称其为真武大帝，所奉造像旁均有龟蛇二物，以示神灵护佑。由此可见，龟被神化并富含厚重的文化底蕴，是基于长寿和特有的灵性。

乌龟全身都是宝

乌龟不仅是吉祥物，而且可以说它全身都是宝。它不仅肉味特别鲜美，脂肪少，而且营养极为丰富，富含各类维生素、矿物质、微量元素，是很好的营养滋补佳品，特别是对久病寒嗽，筋骨疼痛等疗效较好。它的外壳龟甲，又称神屋、漏天机、败龟板等，是著名的中药材，可以制作成龟板胶，是优良的滋补药品，可治疗肺病、高血压、胃出血、骨中寒热、阴血不足、瘀血、血痢等病，具有补心肾、益大肠、轻身不饥之功效。其胆、肝、胃也都是中药材；龟油还可以治哮喘、气管炎等；龟血涂抹可治跌打损伤、脱肛等；即使龟尿也可以治小儿惊风、龟胸龟背，用它点舌下可治大人中风舌暗，滴耳治聋等。

值得一提的是玳瑁龟的龟甲板更有价值。其甲板像玻璃一样，滑油油的。背面甲板黄褐色，稍微透明，并杂黑褐斑点，像碧玉似的非常美丽。其角质甲片不仅美丽，而且比玉还容易雕刻，用火炙或沸水浸泡后变得很柔软，用来做各种装饰品很漂亮。我们常见的玳瑁眼镜框和眼镜架，就是用玳瑁龟的甲片制作镶上的，异常珍贵。玳瑁的甲片还可入药，具有清热解毒、镇惊息风、滋阴壮阳等功效。由于玳瑁龟价值较高，近年来，乱捕滥杀现象十分严重，现在即使在沿海地区也很少见到，必须到深海处才能捉到。所以，玳瑁龟已成为国家保护动物，严禁捕捉。

参考文献

[1]应劭. 风俗通义校释. 天津:天津人民出版社,1980.
[2]宗懔. 荆楚岁时记. 长沙:岳麓书社,1986.
[3]崔豹. 古今注. 北京:中华书局,1979.
[4]段成式. 酉阳杂俎. 北京:中华书局,1981.
[5]王仁裕. 开元天宝遗事. 北京:中华书局,1981.
[6]孟元老. 东京梦华录. 北京:中国商业出版社,1982.
[7]李昉,等. 太平广记. 北京:中华书局,1981.
[8]李时珍. 本草纲目. 北京:人民卫生出版社,1985.
[9]富察敦崇. 燕京岁时记. 北京:北京古籍出版社,1983.
[10]潘荣陛. 帝京岁时记胜. 上海:上海古籍出版社,2001.
[11]陈淏子. 花镜. 北京:中华书局,1979.
[12]吴友如. 吴友如画宝. 喀什:喀什维吾尔文出版社,2002.
[13]法布尔. 昆虫世界. 谭常轲,译. 上海:上海文化出版社,1998.
[14]布丰. 自然史(精华版). 何敬业,徐岚,译. 长沙:湖南科技出版社,2010.
[15]叶大兵,乌丙安,陈勤建. 中国风俗辞典. 上海:上海辞书出版社,1990.
[16]胡朴安. 中华全国风俗志. 上海:上海书店,1985.
[17]殷登国. 草木虫鱼新咏. 天津:百花文艺出版社,2011.